建筑工程数字建造经典工艺指南
【室内装修、机电安装（地上部分）3】

《建筑工程数字建造经典工艺指南》编委会　主编

中国建筑工业出版社

图书在版编目（CIP）数据

建筑工程数字建造经典工艺指南. 室内装修、机电安
装. 地上部分. 3 /《建筑工程数字建造经典工艺指南》
编委会主编. — 北京：中国建筑工业出版社，2023.4
ISBN 978-7-112-28248-7

Ⅰ. ①建… Ⅱ. ①建… Ⅲ. ①数字技术-应用-室内
装修-指南②数字技术-应用-机电设备-建筑安装工程
-指南 Ⅳ. ①TU7-39

中国版本图书馆 CIP 数据核字（2022）第 240682 号

本书由中国建筑业协会组织全国 70 余家大型企业、100 多位鲁班奖评审专家
共同编写，对室内装修、机电安装（地上部分）从质量要求、工艺流程、精品要
点等全过程进行编写，并配以详细的 BIM 图片，图片清晰，说明性强。本书对于
建设高质量工程，建筑工程数字建造等有很高的参考价值，对于企业申报鲁班奖、
国家优质工程等有重要的指导意义。

责任编辑：高　悦　张　磊
责任校对：赵　菲

建筑工程数字建造经典工艺指南
【室内装修、机电安装（地上部分）3】
《建筑工程数字建造经典工艺指南》编委会　主编
*
中国建筑工业出版社出版、发行（北京海淀三里河路 9 号）
各地新华书店、建筑书店经销
北京鸿文瀚海文化传媒有限公司制版
临西县阅读时光印刷有限公司印刷
*
开本：787 毫米×1092 毫米　1/16　印张：8　字数：200 千字
2023 年 3 月第一版　　2023 年 3 月第一次印刷
定价：**66.00** 元
ISBN 978-7-112-28248-7
（40642）

本书指导委员会

主　任：齐　骥
副主任：吴慧娟　刘锦章　朱正举

本书主要编制人员

景　万	冯　跃	赵正嘉	贾安乐	张晋勋	陈　浩
杨健康	高秋利	安占法	刘洪亮	秦夏强	邢庆毅
杨　煜	张　静	邓文龙	钱增志	王爱勋	吴碧桥
薛　刚	蒋金生	刘明生	李　娟	刘爱玲	温　军
孙肖琦	李思琦	车群转	陈惠宇	贺广利	刘润林
尹振宗	张广志	刘　涛	张春福	罗　保	马荣全
熊晓明	张选兵	要明明	刘　宏	林建南	胡安春
孟庆礼	王　喆	王巧利	王建林	赵　才	邓　斌
颜钢文	李长勇	李　维	肖志宏	石　拓	田　来
胡　笳	胡宝明	廖科成	梅晓丽	彭志勇	王　毅
薄跃彬	陈道广	陈晓明	陈　笑	崔　洁	单立峰
胡延红	卢立香	唐永讯	苏冠男	董玉磊	邹杰宗
王　成	刘永奇	李　翔	张　驰	张贵铭	周　泉
孟　静	张　旭	包志钧	胡　骏	孙宇波	王振东
岳　锟	王竟千	薛永辉	周进兵	王文玮	付应兵
迟白冰	窦红鑫	富　华	赵　虎	李晓朋	王　清
李乐荔	赵得铭	王　鑫	杨　丹	罗　放	李　涛
隋伟旭	赵文龙	任淑梅	雷　周	刘耀东	张　悦
张彦克	洪志翔	李　超	周　超	周晓枫	许海岩
高晓华	李红喜	刘兴然	杨　超	李鹏慧	甄志禄
岳明华	龙俨然	胡湘龙	肖　薇	余　昊	蒋梓明
冯　淼	李文杰	柳长谊	王　雄	唐　军	谢　奎
刘建明	任　远	田文慧	李照祺	张成元	许圣洁
万颖昌	李俊慷	高　龙			

本书主要编制单位

中国建筑业协会
中建协兴国际工程咨询有限公司
湖南建设投资集团有限责任公司
北京建工集团有限责任公司

北京城建集团有限责任公司

中国建筑一局（集团）有限公司

中国建筑第三工程局有限公司

中国建筑第八工程局有限公司

中铁建工集团有限公司

中铁建设集团有限公司

陕西建工集团股份有限公司

上海建工集团股份有限公司

上海宝冶集团有限公司

中国二十冶集团有限公司

三一重工股份有限公司

云南省建设投资控股集团有限公司

武汉建工（集团）有限公司

广东省建筑工程集团有限公司

河北建设集团股份有限公司

河北建工集团有限责任公司

天津市建工集团（控股）有限公司

广西建工集团有限责任公司

山西建筑工程集团有限公司

江苏省华建建设股份有限公司

兴泰建设集团有限公司

中天建设集团有限公司

北京住总集团有限责任公司

中建一局集团安装工程有限公司

北京六建集团有限责任公司

北京市设备安装工程集团有限公司

南通安装集团股份有限公司

济南四建（集团）有限责任公司

山东天齐置业集团股份有限公司

成都建工集团有限公司

江西昌南建设集团有限公司

河南省土木建筑学会总工程师工作委员会

成都市土木建筑学会

中湘智能建造有限公司

4

前　言

　　建筑业作为国民经济支柱产业，在推动我国经济社会持续健康发展中发挥着重要作用。经过 30 多年的快速发展，我国建筑业的建设规模、技术装备水平、建造能力取得了长足的进步，一座座彰显时代特征的建筑物应运而生，在中华大地熠熠生辉、绽放光彩。但我国建筑业"大而不强、细而不专"的局面依然存在，主要表现在机械化程度不高，精细化、标准化、信息化、专业化、智能化、一体化程度偏低，能够推动行业有序发展的供应链、价值链体系尚未建立。

　　如何实现我国建筑业绿色低碳、高质量发展，从"建造大国"发展为"建造强国"，建筑业与信息技术的有机融合是推动建筑业可持续发展的重要驱动力。建筑业应以大数据为生产资料，以云计算、人工智能为第一生产力，以互联网、物联网、区块链为新型生产关系，以"软件定义"为新型生产方式，重构建筑业组织模式，将生产要素、管理流程、建造技术、决策机制、检测结果等数字化，基于数据形成算法，用算法优化决策机制，提升资源配置效率，成为建筑产业创新和转型的重要引擎。

　　为助力建筑企业数字化转型，提升全员的质量意识、管理水平、建造能力和工程品质，推动行业高质量发展，中国建筑业协会、中建协兴国际工程咨询有限公司组织行业多位知名专家会同湖南建工、北京建工、中铁建设、陕西建工、上海建工、北京城建、中建一局、中建三局、中建八局等 70 余家企业、100 余名专家共同编制了本套书。

　　本套书以现行的标准规范为纲，以"按部位、全专业、突出先进、彰显经典"为编写原则，系统收集、整理了行业先进企业在创建优质工程过程中的先进做法、典型经验，引领广大读者通过深化设计、数字模拟、方案优化、样板甄选、精细度量、物模联动等方式，逐步形成系统思维，全专业策划、全过程管控、实时校验和持续提升的创优机制。根据房屋建筑的专业特点和创建优质工程要点，本套书共分为六个分册：地基、基础、主体结构；屋面、外檐；室内装修、机电安装（地上部分）1；室内装修、机电安装（地上部分）2；室内装修、机电安装（地上部分）3；室内装修、机电安装（地下部分）。通过图文并茂的方式，系统描述各部位或关键节点的外观特性、细部做法和相应的标准规范规定（部分条文摘录时有提炼和编辑）；突出了深化设计、专业协同、质量问题预防措施和工艺做法，创建了 490 多个 BIM 模型创优标准化数据族库。

　　由于时间紧迫，本套书只收集了部分建筑企业的工艺案例，书中难免有一些不足之处，敬请广大读者提出宝贵意见，以便我们做进一步的修订和完善。

目　录

第1章

医院功能用房——手术室

1.1 一般规定

1.1.1 墙体

（1）手术室墙体应具有防锈、防菌、耐酸碱、防火、隔声、防霉、保温、环保的性能。

（2）手术室墙面与地面、墙面与吊顶采用圆角连接。表层处理要求采用附着力强、不脱落、不开裂的静电喷涂。

（3）洁净手术室墙体采用电解钢板，背贴优质防潮石膏板，表面进行无缝焊接，打磨平整后进行高压喷进口专用抗菌涂料（抗菌性须通过相应标准检测），达到无菌密闭内壁要求。

（4）防辐射手术室墙面、吊顶采用防辐射板作铅防护处理。

1.1.2 地面

（1）手术室地面材料应防静电、防滑、防潮、防火、防霉、耐磨、耐腐蚀、易清洗。

（2）地面卷材材料拼缝均为热焊熔接，平整无缝，与墙体连接均为圆弧过渡。

1.1.3 吊顶

（1）手术室吊顶材料同墙体材料。

（2）手术室吊顶具有防锈、防菌、耐酸碱、防火、隔声、防霉、保温、环保的性能。

（3）防辐射手术室吊顶采用防辐射板作铅防护处理。

（4）吊顶表面平整、洁净美观、色泽一致，无翘曲、凹坑、划痕。接口位置排列有序，板缝顺直、宽窄一致，套割尺寸准确、边缘整齐。

1.1.4 门窗

（1）医用气密门气密封效果好，采用微电脑控制，具有多种安全运行模式，有延时自动关闭功能，门头上有手术工作指示灯。

（2）射线防护门均为铅防护门。

（3）医用钢质门闭合面配有优质异型橡胶密封条，达到无缝隙密封。

（4）手术室射线防护窗密闭性好，采用医用 X 射线防辐射铅玻璃板，射线防辐射铅玻璃板性能稳定。

1.1.5 电源

应有独立双路电源供电，以保证安全运转，各手术间应有足够的电插座，便于各种仪器设备的供电，插座应有防火花装置，手术间地面有导电设备，以防火花引起爆炸，电插座应加盖密封，防止进水，避免电路发生故障影响手术，总电源线集中设在墙内，中央吸引及氧气管道装置都应设在墙内。

1.1.6 照明

（1）手术室的照度均匀度不应低于 0.7。

（2）手术台两头的照明灯具至少各有 3 支灯具有应急照明电源。

（3）有治疗功能的房间至少有 1 个灯具由应急电源供电。

（4）洁净手术室内照明应优先选用节能灯具，应为嵌入式密封灯带，灯具应有防眩光灯罩。灯带应布置在送风口之外。

（5）手术室的外门上方应设手术工作指示灯。防辐射手术室的外门上方还应设置红色安全警示标识灯，与医用放射线设备连锁控制。

（6）洁净手术室内可根据需要安装固定式或移动式摄像设备，全景摄像机旁应设电源插座备用。

（7）洁净手术部应设置信息接口。

（8）应减少医疗设备运行中的电磁干扰。

1.1.7 净化

（1）现代手术室应建立完善的通风过滤除菌装置，使空气净化，其通风方式有湍流式、层流式、垂直式，可酌情选用。

（2）手术间的温度调节非常重要，应有冷暖气调节设备，空调机应设在上层屋顶内，室温保持在 24～26℃，相对湿度以 50％ 为宜。一般手术间为 35～45m²，特殊房间约 60m²（适用于体外循环手术、器官移植手术等），小手术间面积为 20～30m²。

1.2 规范要求

1.2.1 《建筑装饰装修工程质量验收标准》GB 50210—2018

3.2.1 建筑装饰装修工程所用材料的品种、规格和质量应符合设计要求和国家现行标准的规定。不得使用国家明令淘汰的材料。

3.2.2 建筑装饰装修工程所用材料的燃烧性能应符合现行国家标准《建筑内部装修设计防火规范》GB 50222 和《建筑设计防火规范》GB 50016 的规定。

3.2.3 建筑装饰装修工程所用材料应符合国家有关建筑装饰装修材料有害物质限量标准的规定。

6.3.1 金属门窗的品种、类型、规格、尺寸、性能、开启方向、安装位置、连接方式及门窗的型材壁厚应符合设计要求及国家现行标准的有关规定。金属门窗的防雷、防腐处理及填嵌、密封处理应符合设计要求。

6.3.3 金属门窗扇应安装牢固、开关灵活、关闭严密、无倒翘……

6.3.4 金属门窗配件的型号、规格、数量应符合设计要求，安装应牢固，位置应正确，功能应满足使用要求。

6.3.7 金属门窗框与墙体之间的缝隙应填嵌饱满，并应采用密封胶密封。密封胶表面应光滑、顺直、无裂纹。

6.5.3 带有机械装置、自动装置或智能化装置的特种门，其机械装置、自动装置或智能化装置的功能应符合设计要求。

6.5.4 特种门的安装应牢固。预埋件及锚固件的数量、位置、埋设方式、与框的连接方式应符合设计要求。

6.5.5 特种门的配件应齐全，位置应正确，安装应牢固，功能应满足使用要求和特种门的性能要求。

6.6.5 密封条与玻璃、玻璃槽口的接触应紧密、平整。密封胶与玻璃、玻璃槽口的边缘应粘结牢固、接缝平齐。

7.2.3 整体面层吊顶工程的吊杆、龙骨和面板的安装应牢固。

7.2.4 吊杆和龙骨的材质、规格、安装间距及连接方式应符合设计要求。金属吊杆和龙骨应经过表面防腐处理；木龙骨应进行防腐、防火处理。

8.2.1 隔墙板材的品种、规格、颜色和性能应符合设计要求。有隔声、隔热、阻燃和防潮等特殊要求的工程，板材应有相应性能等级的检验报告。

8.2.4 隔墙板材所用接缝材料的品种及接缝方法应符合设计要求。

8.2.6 板材隔墙表面应光洁、平顺、色泽一致，接缝应均匀、顺直。

8.2.7 隔墙上的孔洞、槽、盒应位置正确、套割方正、边缘整齐。

8.3.1 骨架隔墙所用龙骨、配件、墙面板、填充材料及嵌缝材料的品种、规格、性能和木材的含水率应符合设计要求。有隔声、隔热、阻燃和防潮等特殊要求的工程，材料应有相应性能等级的检验报告。

8.3.5 骨架隔墙的墙面板应安装牢固，无脱层、翘曲、折裂及缺损。

8.3.6 墙面板所用接缝材料的接缝方法应符合设计要求。

9.5.2 金属板安装工程的龙骨、连接件的材质、数量、规格、位置、连接方法和防腐处理应符合设计要求。金属板安装应牢固。

1.2.2 《综合医院建筑设计规范》GB 51039—2014

5.1.12 室内装修和防护宜符合下列要求：

1 医疗用房的地面、踢脚板、墙裙、墙面、顶棚应便于清扫或冲洗，其阴阳角宜做成圆角。踢脚板、墙裙应与墙面平。

2 手术室、检验科、中心实验室和病理科等医院卫生学要求高的用房，其室内装修应满足易清洁、耐腐蚀的要求。

3 检验科、中心实验室和病理科的操作台面应采用耐腐蚀、易冲洗、耐燃烧的面层。相关的洗涤池和排水管亦应采用耐腐蚀材料。

4 药剂科的配方室、贮药室、中心药房、药库均应采取防潮、防虫、防鼠等措施。

5 太平间、病理解剖室均应采取防虫、防雀、防鼠以及防其他动物侵入的措施。

5.1.13 卫生间的设置应符合下列要求：

1 患者使用的卫生间隔间的平面尺寸，不应小于 1.10m×1.40m，门应朝外开，门闩应能里外开启。卫生间隔间内应设输液吊钩。

1.2.3 《洁净室施工及验收规范》GB 50591—2010

4.1.3 洁净室的建筑装饰材料除应满足隔热、隔声、防振、防虫、防腐、防火、防静电等要求外，尚应保证洁净室的气密性和装饰表面不产尘、不吸尘、不积尘，并应易清洗。

4.2.1 地面施工应符合下列规定：

3 地面必须采用耐腐蚀、耐磨和抗静电材料。

4.2.3 粘贴地面施工应符合下列规定：

1 粘贴塑料板材或卷材地面之前，应采用含水率测试仪（CCM仪）对基础地面进行现场测试。基础地面含水率应低于 4%，当含水率在 4%～7% 之间时，应使用双组分胶粘贴地面材料。含水率不得超过 7%。对含水率超过 7% 的基础地面，必须采取干燥措施，重测合格方可施工地面。

2 水泥类地面基底表面应平整、坚硬、干燥、密实，不得有起砂、起皱、麻面、裂缝等缺陷。

3 塑料板材或卷材地面铺贴前应预先按规格大小、厚薄分类。在粘贴板材或卷材时，板材或卷材与地面之间应满涂胶粘剂，不得漏涂。

4 应在粘贴地面材料4h后再做接缝焊接处理。

4.3.5 整体金属壁板墙面施工应符合下列规定：

1 支撑和加强龙骨架应位置正确，与墙面、地面、加强部位的连接应牢固。龙骨架及各种金属件均应作防腐、防锈处理。

2 金属面板与骨架的连接应留够面板间热胀冷缩的量。金属面板背面应贴绝热层，与骨架之间应有导静电措施。

4.4.2 吊顶宜按房间宽度方向按设计要求起拱。吊顶周边应与墙体交接严紧并密封。

4.4.4 吊顶内各种金属件均应进行防腐、防锈处理，预埋件和墙体、楼面衔接处均应作密封处理。

4.4.5 吊顶的吊挂件不得作为管线或设备的吊架，管线和设备的吊架不得吊挂吊顶。

4.4.7 吊顶饰面板板面缝隙允许偏差不应大于0.5mm，并应用密封胶密封。

4.5 墙角

4.5.1 地面与墙面的夹角应为曲率半径R不小于30mm的圆角。当用柔性材料粘贴地面时，在墙面上应延伸至地面以上形成圆角并与墙面平齐，或略缩进2mm～3mm，突出的墙面应圆滑过渡。

4.5.2 当地面与墙面的夹角用R不小于30mm的型材过渡形成圆角时，突出墙面、地面的两端处应用弹性材料逐渐过渡并嵌固密封。

4.5.3 洁净室内墙面阳角，宜做成圆角或大于等于120°的钝角。

4.6 门窗

4.6.1 门窗安装应符合下列规定：

1 门窗构造应平整简洁、不易积灰、容易清洁。

2 门窗表面应无划痕、碰伤，型材应无开焊断裂。

3 成品门、窗必须有合格证书或性能检验报告、开箱验收记录。

4.6.2 当单扇门宽度大于600mm时，门扇和门框的铰链不应少于3副。门窗框与墙体固定片间距不应大于600mm，框与墙体连接应牢固，缝隙内应用弹性材料嵌填饱满，表面应用密封胶均匀密封。

4.6.3 门框密封面上有密封条时，在门扇关闭后，密封条应处于压缩状态。

4.6.4 悬吊推拉门上部机动件箱体和滑槽内应清洁，门扇关闭时与墙体应无明显缝隙。

4.6.6 门上的把手如突出门面，不得有锐边、尖角，应圆滑过渡。

4.6.7 窗面应与其安装部位的表面齐平，当不能齐平时，窗台应采用斜坡、弧坡，边、角应为圆弧过渡。

4.6.8 窗玻璃应用密封胶固定、封严。如采用密封条密封，玻璃与密封条的接触应平整，密封条不得卷边、脱槽、缺口、断裂。

4.6.9 固定双层玻璃窗的玻璃应平整、牢固、不得松动，缝隙应密封。

4.6.10 双层玻璃窗的单面镀膜玻璃应设于双层窗最外层，双层或单层玻璃窗的镀膜玻璃，其膜面均应朝向室内。

14.6.4 金属门窗除对其表面有防静电要求外，还应接地。

1.2.4 《建筑内部装修设计防火规范》GB 50222—2017

1.0.3 建筑内部装修设计应积极采用不燃性材料和难燃性材料，避免采用燃烧时产生大量浓烟或有毒气体的材料，做到安全适用，技术先进，经济合理。

3.0.3 装修材料的燃烧性能等级应按现行国家标准《建筑材料及制品燃烧性能分级》GB 8624的有关规定，经检测确定。

5.1.1 单层、多层民用建筑内部各部位装修材料的燃烧性能等级，不应低于本规范表5.1.1的规定。

单层、多层民用建筑内部各部位装修材料的燃烧性能等级　　表5.1.1

序号	建筑物及场所	建筑规模、性质	装修材料燃烧性能等级								
			顶棚	墙面	地面	隔断	固定家具	装饰织物		其他装饰材料
								窗帘	帷幕	
8	医院的病房区、诊疗室、手术区	—	A	A	B₁	B₁	B₂	B₁	—	B₂

5.2.1 高层民用建筑内部各部位装修材料的燃烧性能等级，不应低于本规范表5.2.1的规定。

高层民用建筑内部各部位装修材料的燃烧性能等级　　表5.2.1

序号	建筑物及场所	建筑规模、性质	装修材料燃烧性能等级									
			顶棚	墙面	地面	隔断	固定家具	装饰织物				其他装饰材料
								窗帘	帷幕	床罩	家具包布	
7	医院的病房区、诊疗室、手术区	—	A	A	B₁	B₁	B₂	B₁				B₁

1.2.5 《医院洁净手术部建筑技术规范》GB 50333—2013

7.3.1 洁净手术部的建筑装饰应遵循不产尘、不易积尘、耐腐蚀、耐碰撞、不开裂、防潮防霉、容易清洁、环保节能和符合防火要求的总原则。

7.3.3 洁净手术部内Ⅰ、Ⅱ级手术室墙面、顶棚可用工厂生产的标准化、系列化的一体化装配方式；Ⅲ、Ⅳ级手术室墙面也可用瓷砖或涂料等；应根据用房需要设置射线防护。

7.3.4 洁净手术室围护结构间的缝隙和在围护结构上固定、穿越形成的缝隙，均应密封。

7.3.5 洁净手术部内墙面下部的踢脚不得突出墙面；踢脚与地面交界处的阴角应做成$R \geqslant 30mm$的圆角。其他墙体交界处的阴角宜做成小圆角。

7.3.6 洁净手术部内墙体转角和门的竖向侧边的阳角宜为圆角。通道两侧及转角处墙上应设防撞板。

7.3.9 洁净手术部内使用的装饰材料应无味无毒，并应符合现行国家标准《民用建筑工程室内环境污染控制规范》GB 50325的有关规定。

7.3.11 洁净手术室供手术车进出的门，净宽不宜小于1.4m，当采用电动悬挂式自动门时，应具有自动延时关闭和防撞击功能，并应有手动功能。除清净区通向非洁净区的平开门和安全门应为向外开之外，其他洁净区内的门均应向静压高的方向开。

7.3.13 洁净手术室应采取防静电措施。

7.3.14 洁净手术室和洁净辅助用房内应设置的插座、开关、各种柜体、观片灯等均应嵌入墙内，不得突出墙面。

7.3.15　洁净手术室和洁净辅助用房内不应有明露管线。

7.3.16　洁净手术室的吊顶及吊挂件，应采取牢固的固定措施。洁净手术室吊顶上不应开设人孔。检修孔可开在洁净区走廊上，并应采取密封措施。

12.0.5　与手术室、辅助用房等相连通的吊顶技术夹层部位应采取防火防烟措施，分隔体的耐火极限不应低于1.00h。

12.0.6　当洁净手术室设置的自动感应门停电后能手动开启时，可作为疏散门。

12.0.12　洁净手术室内的装修材料应采用不燃材料或难燃材料，手术部其他部位的内部装修材料应采用难燃材料。

1.2.6　《建筑给水排水及采暖工程施工质量验收规范》GB 50242—2002

3.2.4　阀门安装前，应作强度和严密性试验。试验应在每批（同牌号、同型号、同规格）数量中抽查10%，且不少于一个。对于安装在主干管上起切断作用的闭路阀门，应逐个作强度和严密性试验。

3.3.6　明装管道成排安装时，直线部分应互相平行。曲线部分：当管道水平或垂直并行时，应与直线部分保持等距；管道水平上下并行时，弯管部分的曲率半径应一致。

3.3.9　采暖、给水及热水供应系统的塑料管及复合管垂直或水平安装的支架间距应符合表3.3.9的规定。

塑料管及复合管管道支架的最大间距　　　　　表3.3.9

管径(mm)			12	14	16	18	20	25	32	40	50	63	75	90	110
最大间距(m)	立管		0.5	0.6	0.7	0.8	0.9	1.0	1.1	1.3	1.6	1.8	2.0	2.2	2.4
	水平管	冷水管	0.4	0.4	0.5	0.5	0.6	0.7	0.8	0.9	1.0	1.1	1.2	1.35	1.55
		热水管	0.2	0.2	0.25	0.3	0.3	0.35	0.4	0.5	0.6	0.7	0.8		

4.2.10　水表应安装在便于检修、不受曝晒、污染和冻结的地方。

1.2.7　《通风与空调工程施工质量验收规范》GB 50243—2016

4.1.7　净化空调系统风管的材质应符合下列规定：

1　应按工程设计要求选用。当设计无要求时，宜采用镀锌钢板，且镀锌层厚度不应小于100g/m²。

6.2.5　净化空调系统风管的安装应符合下列规定：

1　在安装前风管、静压箱及其他部件的内表面应擦拭干净，且应无油污和浮尘。当施工停顿或完毕时，端口应封堵。

2　法兰垫料应采用不产尘、不易老化，且具有强度和弹性的材料，厚度应为5mm～8mm，不得采用乳胶海绵。法兰垫片宜减少拼接，且不得采用直缝对接连接，不得在垫料表面涂刷涂料。

3　风管穿过洁净室（区）吊顶、隔墙等围护结构时，应采取可靠的密封措施。

6.3.1 风管支、吊架的安装应符合下列规定：

1 金属风管水平安装，直径或边长小于或等于400mm时，支、吊架间距不应大于4m；大于400mm时，间距不应大于3m。

1.2.8 《建筑电气工程施工质量验收规范》GB 50303—2015

11.2.3 当设计无要求时，梯架、托盘、槽盒及支架安装应符合下列规定：

7 水平安装的支架间距宜为1.5m～3.0m，垂直安装的支架间距不应大于2m。

8 采用金属吊架固定时，圆钢直径不得小于8mm，并应有防晃支架，在分支处或端部0.3m～0.5m处应有固定支架。

1.3 管理规定

（1）手术室施工创建精品工程应以经济、适用、美观、节能环保及绿色施工为原则，做到策划先行，样板引路，过程控制，一次成优。

（2）手术室施工质量工作应全面、细致，从工程质量及使用功能等方面综合考虑，明确细部做法，统一质量标准，加强过程质量管控措施，达到一次成优。

（3）手术室施工应采用BIM模型、文字及现场样板交底相结合的方式进行全员交底，明确施工工序、质量要求及标准做法，以确保策划的有效落地。

（4）手术室各专业所采用的材料、设备应有产品合格证书和性能检测报告，其品种、规格、性能等应符合国家现行产品标准和设计要求。

（5）手术室施工应全面考虑各专业单位施工内容及相互影响因素，合理安排工序穿插。

（6）手术室施工应加强过程质量的监督检查，确保各环节施工质量。同时，做好专业间工作面移交检查验收工作，重点关注隐蔽内容及成品保护措施。

（7）手术室施工技术复核工作至关重要，是保证每个关键节点符合要求的关键过程。各施工阶段应及时对各工序涉及的重点点位进行复核、实测及纠偏，确保符合图纸及深化要求。

（8）手术室各工种穿插施工时，应采取有效护、包、盖、封等成品保护措施。

1.4 深化设计

1.4.1 图纸深化设计及管线综合排布

1. 深化原则

1）整体设计要求

根据规模大小，按比例合理分割统筹考虑，包括房间设置、设施摆放、通道划分、医护人员与病员、家属之间的关系，要求高效有序。装修后的手术室不仅能很好地满足使用功能的要求，也能为医护人员和患者营造良好的医疗环境。

2）专业设计要求

手术室洁净区饰面材料应遵循不产尘、不积尘、耐腐蚀、防潮防霉、容易清洁和符合防火要求的总原则。色彩要温和、淡雅。洁净区范围内与空气直接接触的外露材料不得使用木材和石膏等材料。

电气设计、净化空调设计、医用气体管线及终端设计等均应按专业化要求进行。

3）室内装修设计要求

（1）墙面和天花板。

采用可隔声、坚实、光滑、无空隙、防火、防湿、易清洁的材料。颜色采用淡蓝、淡绿为宜。观片灯及药品柜、操作台等应设在墙内。

墙面与平顶、墙面与地面及不同的墙面与墙面相交处的阴（阳）角，宜做成小圆角构造，以避免积尘，方便清扫。

（2）门窗。

门应宽大、无门槛，净宽不宜小于1.4m，便于平车出进，应避免使用易摆动的弹簧门，以防气流使尘土及细菌飞扬。

宜采用设有自动延时关闭装置的电动悬挂式自动感应门。

手术室门上设置固定观察窗。

防辐射手术室设置固定防辐射观察窗。

（3）地面。

地面应采用坚硬、光滑易刷洗的材料面层。地面稍倾斜向手术室一角，低处设地漏，利于排出污水，排水孔加盖，以免污染空气进入室内或被异物堵塞。

地面应做到平整、光滑、耐磨、耐腐蚀（酸、碱、药）、易清洁，可选用橡胶、聚氨酯涂料、树脂类板材等，少接缝，可避免污物及细菌的堆积，耐污易洁，脚感舒适，安装及更换简便。

4）防火要求

手术室按一级耐火等级进行建筑防火设计和室内装修防火设计。

（1）墙体、墙面：疏散走道两侧隔墙耐火极限不小于1h，房间隔墙耐火极限不小于0.75h。

（2）吊顶：耐火极限不小于0.25h。

5）机电深化设计要求

（1）大管优先，小管避让大管。

（2）有压管避让无压管（压力流管避让重力流管）。

（3）低压管避让高压管。

（4）常温管避让高温、低温管。

（5）可弯管线避让不可弯管线、分支管线避让主干管线。

（6）附件少的管线避让附件多的管线。

（7）电气管线避热避水，在热水管线、蒸汽管线上方及水管的垂直下方不宜布置电气线路。

（8）安装、维修空间为500mm。

（9）预留管廊内柜机、风机盘管等设备的拆装距离。

（10）管廊内吊顶标高以上预留 250mm 的装修空间。

（11）各防火分区处，卷帘门上方预留管线通过的空间，如空间不足，选择绕行。

（12）其他避让原则：气体管道避让水管，金属管避让非金属管，一般管道避让通风管，施工简单的避让施工难度大的，工程量小的避让工程量大的，技术要求低的避让技术要求高的，检修次数少、检修方便的避让检修频繁、检修难度大的，非主要管线避让主要管线，临时管线避让永久管线，新建管线避让已建成管线。

2. 深化顺序

1）墙面材料设计要求

手术室内墙面应使用不易开裂、阻燃、易清洗和耐碰撞的材料，墙面必须平整、防潮防霉。Ⅰ、Ⅱ级洁净室墙面可用整体或装配式壁板。

电解钢板经工厂加工成预制式壁板，表面覆盖抗菌涂料，抗菌涂料含有银离子，有效防止霉菌或细菌在墙面上生长。颜色可自由选择，容易清洁，可反复擦洗。手术室墙体与吊顶及墙体连接处转弯半径 R300mm 大圆弧过渡，墙板采用整体挂板组装方式。

洁净手术室内墙面下部的踢脚必须与墙面齐平或凹于墙面，踢脚必须与地面成整体，踢脚与地面交界处的阴角必须做成 R≥40mm 的圆角。洁净手术室内墙体转角和门的竖向侧边的阳角应为圆角。手术室墙面顶面装饰面层采用拼装有缝做法，墙板之间预留 5mm 板缝，用中性耐候胶嵌缝处理。墙面所有嵌入式柜子完成面与墙面在一个面上，不得突出或凹于墙面。

2）顶棚设计要求

材料与墙体一致。墙面与顶棚相接处为圆弧。

3）地面材料

洁净手术部内地面应平整，采用耐磨、防滑、耐腐蚀、易清洗、不易起尘与不开裂的材料制作。

4）门窗设计要求

门窗采用成品门窗。墙体施工时与成品门厂家配合预留及墙体加固。

医用气密手推门采用钢制门。手动平开门窗洞口位置采用镀锌方钢加固，自动门门洞加固采用镀锌槽钢加固。

洁净窗使用 50mm 厚（5＋40＋5）双层中空钢化玻璃，采用多形式门洞包边，且配有高强度耐磨密封条，满足净化要求。

钢质门材质为环保镀锌钢板，表面静电喷塑，抗污。

手术室在洁净区内走廊两侧均需安装一樘光控气密医用电动移门，每樘门设有观察窗，门上方配有手术工作指示灯，采用脚感应加手动开启方式，有自动半开、全开、延时关闭功能。

洁净手术室的门宜采用电动悬挂式自动推拉门，应设有自动延时关闭装置。

5）其他要求

洁净手术室内与室内空气直接接触的外露材料不得使用木材和石膏。

洁净手术室内严禁使用可持续挥发有机化学物质的材料和涂料。

洁净手术室应采取防静电措施。

洁净手术室用房内必须设置的插座、开关、器械柜、观片灯等均应嵌入墙内，不突出墙面。

洁净手术室用房内不应有明露管线。

洁净手术室的吊顶及吊挂件，必须采取牢固的固定措施。洁净手术室吊顶上不应开设人孔。

3. 手术室净化要求

（1）手术室墙面顶棚（防辐射）：镀锌方钢龙骨＋铅板＋镀锌方钢龙骨＋防潮石膏板＋电解钢板。

（2）手术室墙面顶棚：镀锌方钢龙骨＋防潮石膏板＋电解钢板。

（3）手术室地面（防辐射）：硫酸钡水泥地面＋自流平＋抗静电橡胶卷材。

（4）手术室地面：自流平＋抗静电橡胶卷材。

（5）设计图纸挂板模式手术室排板需保证墙板与圆弧板对缝。

（6）挂板手术室采用挂钩及挂钩座方式与龙骨连接，避免焊接污染板材，便于安装位置调整。

（7）尽量利用梁内空间，绝大部分管道在安装时均为贴梁底走管，梁与梁之间通常存在很大的空间，尤其是当梁高很大时，在管道十字交叉时，这些梁内空间可以很好地利用起来。在满足拐弯半径条件下，小截面的空调风管、桥架和有压水管均可以通过翻转到梁内空间的方法，避免与其他管道冲突，保持路由通畅，满足空间净高要求。

（8）有压管道避让无压管道。无压管道（污水、废水、雨水、空调冷凝水管等）内介质仅受重力作用由高处向低处流，其主要特征是有坡度要求、管道杂质多，容易堵塞，所以无压管道保持直线，满足坡度，尽量避免过多转弯，以保证排水顺畅以及满足空间净高。有压管道（给水管道、消火栓管道、喷水灭火管道、热水管道、空调水管）在外加压力（水泵）作用下，介质克服沿程阻力沿一定方向流动，一般而言，改变管道走向，上下翻管，绕道走管不会对其供水有太大的影响。因此，当有压管道与无压管道碰撞时，应首先考虑改变有压管道的路径。

（9）小管道避让大管道。大管道由于造价高（特别是配件）、尺寸重量大等原因，一般不会做过多的翻转和移动，应先确定大管道的位置，后布置小管道的位置。两者发生冲突时，应调整小管道，因为小管道造价低而且占用空间小，易于更改和移动安装。

（10）冷水管道避让热水管道。热水管道需要保温，造价较高，且保温后的管径较大，另外，热水管道翻转过于频繁会导致集气，因此在两者相遇时，一般调整冷水管道。

（11）电缆（动力、自控、通信等）桥架与水管宜分开布置或布置在其上方，以免管道渗漏时损坏（室外接入处桥架应做好防水排水）线缆造成事故。如必须在一起敷设，电缆应考虑设防水保护措施，各种管线在同一处垂直方向布置时，一般是线槽或电缆在上水管在下，热水管在上冷水管在下，风管在上水管在下，尽可能使管线呈直线，相互平行不交叉，使安装维修方便，降低工程造价。

（12）附件少的管道避让附件多的管道。安装多附件管道时要注意管道之间留出足够的空间，这样有利于施工操作以及今后的检修（设备房需考虑法兰、阀门等附件所占的位置）、更换管件。

1.5 地面施工（防静电橡胶地板）

1.5.1 适用范围

防静电橡胶地板适用于手术室地面。

1.5.2 质量要求

（1）刷胶铺贴时将卷材的一边对准所弹的尺寸线，用压滚压实，要求对线连接平顺，不卷不翘。

（2）软质塑料板粘贴后，细缝如需焊接，一般需经 48h 后方可施焊。应采用热空气焊。焊前应将相邻的塑料边缘切成 V 形槽，焊条宜采用等边三角形或圆形截面，表面应平整光洁，无气眼、节瘤、皱纹，颜色均匀一致，焊条成分应与被焊板相同。

（3）基层地面应达到卷材粘贴的温度、湿度和平整度要求。粘贴卷材前应对自流平地面进行打磨、刷界面剂。

1.5.3 工艺流程

清理地面使地面平整无孔，表面洁净→在钢板墙壁底脚用胶水铺上地脚胶条→用胶水从中心线往四边铺橡胶地板→用胶焊条烧焊地板胶及地脚胶条→清洁橡胶地板

1.5.4 精品要点

（1）地面基层处理：用自流平对地面进行处理。用砂纸进行地面细打磨，用水平靠尺找误差，地面水平平整度控制在 2mm 内。

（2）预先对橡胶地材按设计尺寸及排板要求进行切割下料。

（3）地面预铺设：把铺设区的型料进行预铺设，并用划割器去除边料，使型材对齐。

（4）地面抹胶：卷材铺在地面后，卷起一半进行地面抹胶工序，并把胶刮平，均匀铺设到地面。

（5）橡胶地板铺设：按照画线位置铺设橡胶地板，做到边角对齐。

（6）地材压平：用压平器把橡胶地材均匀压平。

1.5.5 实例或示意图

实例或示意图见图 1.5-1、图 1.5-2。

图 1.5-1　地坪成型

2mm厚防静电橡胶地板
2mm胶粘剂
2~3mm厚自流平
界面处理剂
50mm厚C25细石混凝土找平层
土建楼板

图 1.5-2　地面节点大样示意图

1.6　墙面施工（干挂式电解钢板墙面）

1.6.1　适用范围

电解钢板墙面适用于手术室内墙面。

1.6.2　质量要求

（1）装饰表面应擦拭干净，漆面无刮痕、毛刺、胶痕，墙板及吊顶面应牢固、平整、无晃动。

（2）内墙板与顶板相接形成的各个阴阳角均采用圆弧形装饰。

（3）墙体轻钢骨架质量要求：

①安装骨架隔墙中龙骨间距和构造连接方法应符合设计要求。骨架内设备管线的安装、门窗洞口等部位加强龙骨应安装牢固、位置正确，填充材料的设置应符合设计要求。

②轻钢龙骨架必须安装牢固，无松动，位置正确。轻钢龙骨架应顺直、无弯曲、变形和劈裂。安装的骨架隔墙工程边框龙骨与基体结构连接牢固，并平整、垂直、位置正确。

③骨架隔墙所用的龙骨、配件、电解钢板、填充材料及嵌缝材料的品种、规格、性能应符合设计要求。

（4）墙体面板质量要求：

①面板无脱层、翘曲、折裂、缺楞掉角等缺陷，安装必须牢固。墙体表面平整光滑、色泽一致、洁净、无裂缝，接缝应均匀、顺直。

②面板之间的缝隙或压条宽窄应一致，整齐、平直、压条与板接缝严密。墙板与墙板连接必须平整无凹凸，缝隙均匀，处理后平整光滑。安装时要用吊线坠控制壁板的垂直度，安装好的板材做好彼此之间的固定，以防止墙板整体倾倒。

③面板安装前，对龙骨位置、平直度、钉设牢固情况进行检查，合格后进行安装。面板配好后进行试装，面板尺寸、接缝、接头处构造完全合适，才能进行正式安装。骨架隔墙上的孔洞、槽、盒应位置正确、套割吻合、边缘整齐。

④安装后检查板间各种开孔尺寸、高度，应与所购产品配套；对净化灯盘安装孔、自动门、手推门安装位置定位进行准确复核。

1.6.3 工艺流程

弹线→安装天地龙骨→竖向龙骨分档→安装竖向龙骨→安装系统管、线→安装横向卡档龙骨→安装门洞口框→安装石膏板→安装罩面电解钢板

1.6.4 精品要点

（1）壁板安装前必须严格放线，校准尺寸，在楼地面弹出隔墙中线和边线，墙角应垂直交接，防止积累误差造成壁板的倾斜扭曲。

（2）竖墙龙骨安装，在门柜、设备洞口、转角处均做双竖龙骨以加强力度。下面与地槽龙骨焊接，上顶楼板，与用膨胀螺栓固定于楼板的扁铁焊接。按照图纸预留出器械柜、药品柜、麻醉柜、空调送、回风口、观片机、控制柜等洞口。按竖立龙骨间距，切割电解钢板，竖向机械折边20mm与竖立龙骨焊接，用次龙骨压焊牢。

（3）电解钢板墙板安装

①电解钢板安装顺序，先安装竖向圆弧、墙板，后吊顶圆弧、吊顶板、三维角。

②进行钢板墙的安装，还应与其他机电专业相互协调。如电气专业有的开关、配电箱的管线暗敷于墙体钢板内，对并排数量较多的，采用工厂预制，对并排数量不多的，采用现场加工制作。

③电解钢板一般竖向铺装，曲面隔墙可采用横向铺板。电解钢板的装订应从板的中央向板的四周顺序进行。隔墙端部的电解钢板与相接的墙（柱）面，应留有3mm的间隙，先注入嵌缝膏后再铺板挤密嵌缝膏。

1.6.5 实例或示意图

实例或示意图见图1.6-1～图1.6-4。

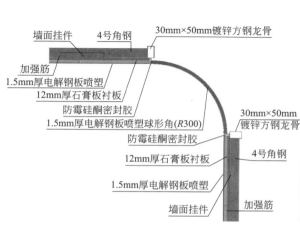

图1.6-1 圆弧形墙面深化示意图

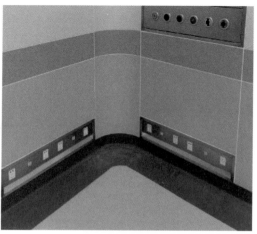

图1.6-2 圆弧形墙面电解钢板成型

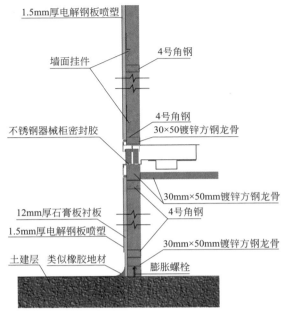

图 1.6-3　墙面剖面示意图

图 1.6-4　墙面电解钢板施工

1.7　吊顶（双面覆膜电解钢板吊顶）

1.7.1　适用范围

本工艺适用于手术室以轻钢为骨架，以双面覆膜电解钢板为面层材料的吊顶工程施工。

1.7.2　质量要求

（1）吊顶标高、尺寸、起拱和造型应符合要求。吊顶龙骨及电解钢板安装必须牢固，外形整齐、美观、不变形、不脱色、不残缺、不折裂。

（2）吊顶材质、品种、规格、安装间距及连接方式要符合产品使用要求。所有连接件和吊杆系列要经过防锈处理。

（3）吊顶电解钢板与龙骨连接必须牢固可靠，不得松动变形。

（4）防止各吊杆点的标高不一致造成吊顶不平。

（5）吊顶轻钢骨架在留洞、灯具口、通风口等处，应按图纸上的相应节点构造设置龙骨及连接件，使构造符合图纸上的要求，保证吊挂的刚度。

（6）顶棚的轻钢骨架应吊在主体结构上，并应拧紧吊杆螺母，以控制固定设计标高；顶棚内的管线、设备件不得吊固在轻钢骨架上。

（7）饰面板分块间隙缝拉线找正，安装固定时保证平整对直。

1.7.3 工艺流程

弹顶棚标高水平线→画龙骨分档线→安装主龙骨吊杆→安装主龙骨→安装边龙骨→安装次龙骨→安装吊顶电解钢板

1.7.4 精品要点

（1）电解钢板吊顶表面平整、洁净美观、色泽一致，无翘曲、凹坑、划痕。接口位置排列有序，板缝顺直、宽窄一致，套割尺寸准确、边缘整齐。条、块排列顺直方正。

（2）吊顶电解钢板安装前须完成烟感、灯具、风口等配件的调整、定位。饰面板上的灯具等设备位置合理、整齐美观，与饰面交接吻合、严密。

（3）主龙骨的安装要求将组装好吊挂件的主龙骨，按分档线搁置使吊挂件穿入相应的吊杆螺栓，拧好螺母。主龙骨相接处装好连接件，拉线调整标高、起拱和平直。

（4）次龙骨的安装要求按设计规定的次龙骨间距，按已弹好的次龙骨分档线卡放次龙骨吊挂件，将次龙骨通过吊挂件吊挂在大龙骨上。

（5）在正式安装吊顶前，根据房间实际尺寸进行试拼，将非整块板对称排放在房间的靠墙部位。根据试拼结果确定顶棚龙骨的位置，安装龙骨。

（6）安装电解钢板时将电解钢板按照槽口插在龙骨上固定，相邻板面应平整，接缝应严密。

1.7.5 实例或示意图

示意图见图 1.7-1。

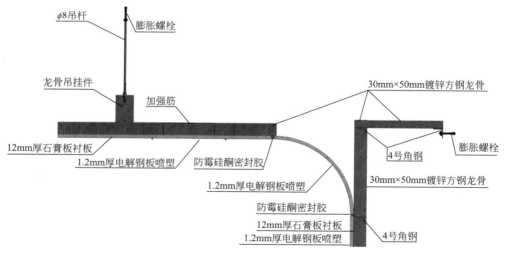

图 1.7-1 吊顶大样示意图

第2章

医院功能用房——重症加强护理(ICU)室

2.1 一般规定

（1）ICU病房装饰材料遵循不产尘、不积尘、耐腐蚀、防潮防霉、防静电、容易清洁和符合防火要求的总原则，选用的材料有防静电橡胶地面、洁净彩钢板、电解铝板、铝塑板等，板与板的接缝处要涂刷对人体无害的密封胶，顶板装修后可上人行走，与墙板连接处阴角及阳角要呈圆弧形，且圆滑、无死角；门窗材料要具有一定的气密效果（图2.1-1）。

（2）灯具要求使用防尘、防菌、防爆、采光度好的洁净灯具，灯具表面要密封，易擦洗。

（3）通风管道材料采用表面洁净，使用过程中无脱落的材料；一般使用的材料为镀锌钢板，钢板根据风道大小采用不同的厚度，在送风系统运行的时间，使送风管道与机组之间不产生共振现象，使房间的噪声达到使用标准要求。

（4）送风系统到房间要经过三级过滤，机组内安装拦阻级别G4初效过滤器及拦阻级别G8中效过滤器，送风末端安装H14（拦阻效率为99.999%）高效率过滤器，房间内回风口安装G3级别的初效过滤网。为了防止交叉感染，房间或区域内同级别净化房间和区域的压差相同，不同净化级别的房间或区域压差不小于10Pa，每个医院的ICU病房至少有一到两间的负压差病房，负压差病房的压差为负数，压力与相邻房间或区域的压差不小于—8Pa；为了防止房间内的医护人员及病人在房间内滞留时间过长因为缺氧而感觉头晕恶心。

（5）送风系统的新风和回风比例要适当，一般新风和回风的比例为4：6，并且在每个房间或不同区域设置一个排风口，每个排风口排出的气体为每个房间或区域送风量的8%～10%，设置排风是为了防止房间内的污气得到及时排放，这样不容易造成污气进入送风机组后二次送到房间内部，避免各个房间及区域的交叉感染。

（6）净化级别：ICU病房一般净化级别为万级及几十万级，万级换气次数为20～25次/h。十万级换气次数为10～15次/h，三十万级换气次数为8～10次/h。

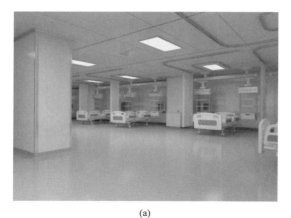
(a)

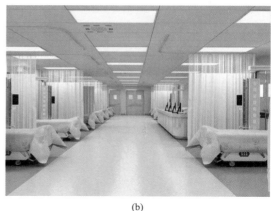
(b)

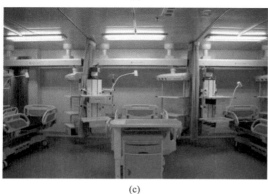
(c)

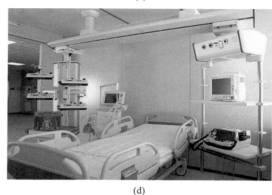
(d)

图 2.1-1　ICU 病房实景图

2.2　规范要求

2.2.1　《防静电贴面板通用技术规范》SJ/T 11236—2020

5.1.1　聚氯乙烯防静电贴面板外观质量

聚氯乙烯防静电贴面板外观质量要求应符合表 2 的规定。

表 2　聚氯乙烯防静电贴面板外观质量要求

缺陷种类	指标
缺损、皱纹、孔洞、裂纹、分层	不允许
气泡、擦伤、变色、异常凹痕、污迹、杂质异物、色差	不明显

5.1.2　聚氯乙烯防静电贴面板尺寸允许偏差

聚氯乙烯防静电贴面板尺寸允许偏差应符合表 3 的规定。

5.1.3　聚氯乙烯防静电贴面板物理性能

聚氯乙烯防静电贴面板物理性能要求应符合表 4 的规定。

表3　聚氯乙烯防静电贴面板尺寸允许偏差　　　　　mm

项目			允许偏差
聚氯乙烯防静电卷材贴面板	长度		明示值+100
	宽度		明示值+10
	厚度		明示值±0.15
聚氯乙烯防静电块材贴面板	长度		明示值±0.30
	宽度		明示值±0.30
	厚度	≤2.0	明示值±0.10
		2.0~2.5	明示值±0.15
		≥2.5	明示值±0.20
	直角度		≤0.30
	边直度		≤0.30

表4　聚氯乙烯防静电贴面板物理性能表

项目	测试内容	指标
防静电性能	表面电阻(Ω)	导静电型:$1.0×10^4$~<$1.0×10^6$ 静电耗散型:$1.0×10^4$~<$1.0×10^9$
	体积电阻(Ω)	导静电型:$1.0×10^4$~<$1.0×10^6$ 静电耗散型:$1.0×10^6$~$1.0×10^9$
燃烧性能	垂直燃烧(级)	V—0
表面耐磨性能(1000r)(g/cm²)		≤0.02
残余凹陷度(mm)		≤0.15
纵、横向加热尺寸变化率(%)		≤0.25

2.2.2　《轻钢龙骨布面石膏板、布面洁净板隔墙及吊顶》07SJ507

（1）洁净装饰板 U 形固定夹贴面墙构造见 07SJ507 第 11 页；

（2）洁净装饰板 90°折角构造见 07SJ507 第 12 页；

（3）轻钢龙骨隔墙施工要求见 07SJ507 第 13 页；

（4）上人吊顶平面及示意图见 07SJ507 第 27 页。

2.2.3　《建筑地面工程施工质量验收规范》GB 50209—2010

3.0.3　建筑地面工程采用的材料或产品应符合设计要求和国家现行有关标准的规定。无国家现行标准的，应具有省级住房和城乡建设行政部门的技术认可文件。材料或产品进场时还应符合下列规定：

（1）应有质量合格证明文件；

（2）应对型号、规格、外观等进行验收，对重要材料或产品应抽样进行复验。

6.6.11　塑料板面层应表面洁净，图案清晰，色泽一致，接缝应严密、美观。拼缝处的图案、花纹应吻合，无胶痕；与柱、墙边交接应严密，阴阳角收边应方正。

2.2.4 《洁净室施工及验收规范》GB 50591—2010

4.1.3 洁净室的建筑装饰材料除应满足隔热、隔声、防振、防虫、防腐、防火、防静电等要求外，尚应保证洁净室的气密性和装饰表面不产尘、不吸尘、不积尘，并应易清洗。

4.1.4 洁净室不应使用木材和石膏板作为表面装饰材料。隐蔽使用的木材应经充分干燥并作防潮防腐和防火处理，石膏板应为防水石膏板。

4.1.5 洁净室建筑装饰工程施工应实行施工现场封闭清洁管理，在洁净施工区内进行粉尘作业时，应采取有效防止粉尘扩散的措施。

4.1.6 洁净室建筑装饰施工现场的环境温度不宜低于5℃。当在低于5℃的环境温度下施工时，应采取保证施工质量的措施。对有特殊要求的装饰工程，应按设计要求的温度施工。

5.3.4 法兰上各螺栓的拧紧力矩应大小一致，并应对称逐渐拧紧，安装后不应有拧紧不匀的现象。

5.3.5 柔性短管应选用柔性好、表面光滑、不产尘、不透气、不产生静电和有稳定强度的难燃材料制作，安装应松紧适度、无扭曲。安装在负压段的柔性短管应处于绷紧状态，不应出现扁瘪现象。柔性短管的长度宜为150mm～300mm，设于结构变形缝处的柔性短管，其长度宜为变形缝的宽度加100mm以上。不得以柔性短管作为找平找正的连接管或变径管。

5.3.6 当柔性短管用单层材料制作时，光面应朝里。当在管内气温低于管外气温露点条件下使用时，应采取绝热措施或采用带绝热层的成品。如采用双层材料制作柔性短管，内、外表面应为光面。

5.3.7 风管和部件应在安装时拆卸封口，并应立即连接。当施工停止或完毕时，应将端口封好，若安装时封膜有破损，安装前应将风管内壁再擦拭干净。

5.3.8 风管在穿过防火、防爆墙或楼板等分隔物时，应设预埋管或防护套管。预埋管或防护套管钢板壁厚不应小于1.6mm，风管与套管之间空隙处应用对人无害的不燃柔性材料封堵，然后用密封胶封死，表面最后应进行装饰处理。

5.3.10 潮湿地区的排风管应设不小于0.3%的坡度，坡向排出方向，在末端宜设凝结水收集装置。

5.3.11 擦拭风管内表面应采用不掉纤维的长丝白色纺织材料。

5.3.12 风管系统不得作为其他负荷的吊挂架，支风管的重量不得由干管承受，送风末端应独立设置可调节支吊架。

5.3.13 风管绝热材料不应采用易破碎、掉渣和对人体有刺激作用的材质。

5.5.1 安装系统新风口处的环境应清洁，新风口底部距室外地面应大于3m，新风口应低于排风口6m以上。当新风口、排风口在同侧同高度时，两风口水平距离不应小于10m，新风口应位于排风口上风侧。

5.5.2 新风入口处最外端应有金属防虫滤网，并应便于清扫其上的积尘、积物。新风入口处应有挡雨措施，净通风面积应使通过风速在5m/s以内。

5.5.3　新风过滤装置的安装应便于更换过滤器、检查压差显示或报警装置。

5.5.4　回风口上的百叶叶片应竖向安装，宜为可关闭的，室内回风口有效通风面积应使通风速度在2m/s以内，走廊等场所在4m/s以内。当对噪声有较严要求时，上述速度应分别在1.5m/s以内和3m/s以内。

5.5.5　回风口的安装方式和位置应方便更换回风过滤器。

5.5.6　在回、排风口上安有高效过滤器的洁净室及生物安全柜等装备，在安装前应用现场检漏装置对高效过滤器扫描检漏，并应确认无漏后安装。回、排风口安装后，对非零泄漏边框密封结构，应再对其边框扫描检漏，并应确认无漏；当无法对边框扫描检漏时，必须进行生物学等专门评价。

5.5.7　当在回、排风口上安装动态气流密封排风装置时，应将正压接管与接嘴牢靠连接，压差表应安装于排风装置近旁目测高度处。排风装置中的高效过滤器应在装置外进行扫描检漏，并应确认无漏后再安入装置。

2.2.5　《建筑内部装修设计防火规范》GB 50222—2017

4.0.1　建筑内部装修不应擅自减少、改动、拆除、遮挡消防设施、疏散指示标志、安全出口、疏散出口、疏散走道和防火分区、防烟分区等。

4.0.4　地上建筑的水平疏散走道和安全出口的门厅，其顶棚应采用A级装修材料，其他部位应采用不低于B₁级的装修材料；地下民用建筑的疏散走道和安全出口的门厅，其顶棚、墙面和地面均应采用A级装修材料。

2.2.6　《建筑给水排水及采暖工程施工质量验收规范》GB 50242—2002

3.3.16　各种承压管道系统和设备应做水压试验，非承压管道系统和设备应做灌水试验。

5.2.1　隐蔽或埋地的排水管道在隐蔽前必须做灌水试验，其灌水高度应不低于底层卫生器具的上边缘或底层地面高度。

检验方法：满水15min水面下降后，再灌满观察5min，液面不降，管道及接口无渗漏为合格。

10.2.1　排水管道的坡度必须符合设计要求，严禁无坡或倒坡。

检验方法：用水准仪，拉线和尺量检查。

2.2.7　《通风与空调工程施工质量验收规范》GB 50243—2016

4.1.1　风管质量的验收应按材料、加工工艺、系统类别的不同分别进行，并应包括风管的材质、规格、强度、严密性能与成品观感质量等项内容。

4.1.2　风管制作所用的板材、型材以及其他主要材料进场时应进行验收，质量应符合设计要求及国家现行标准的有关规定，并应提供出厂检验合格证明。工程中所选用的成品风管，应提供产品合格证书或进行强度和严密性的现场复验。

4.1.3 金属风管规格应以外径或外边长为准，非金属风管和风道规格应以内径或内边长为准。圆形风管规格宜符合表 4.1.3-1 的规定，矩形风管规格宜符合表 4.1.3-2 的规定。圆形风管应优先采用基本系列，非规则椭圆形风管应参照矩形风管，并应以平面边长及短径径长为准。

圆形风管规格 表 4.1.3-1

风管直径 D(mm)			
基本系列	辅助系列	基本系列	辅助系列
100	80	220	210
	90	250	240
120	110	280	260
140	130	320	300
160	150	360	340
180	170	400	380
200	190	450	420
500	480	1120	1060
560	530	1250	1180
630	600	1400	1320
700	670	1600	1500
800	750	1800	1700
900	850	2000	1900
1000	950	—	—

表 4.1.3-2 矩形风管规格

风管边长(mm)				
120	320	800	2000	4000
160	400	1000	2500	—
200	500	1250	3000	—
250	630	1600	3500	—

9.1.1 镀锌钢管及带有防腐涂层的钢管不得采用焊接连接，应采用螺纹连接。当管径大于 DN100 时，可采用卡箍或法兰连接。

9.1.2 金属管道的焊接施工，企业应具有相应的焊接工艺评定，施焊人员应持有相应类别焊接的技能证明。

9.1.3 空调用蒸汽管道工程施工质量的验收应符合现行国家标准《建筑给水排水及采暖工程施工质量验收规范》GB 50242 的有关规定。温度高于 100℃ 的热水系统应按国家有关压力管道工程施工的规定执行。

10.1.1 空调设备、风管及其部件的绝热工程施工应在风管系统严密性检验合格后进行。

10.1.2 制冷剂管道和空调水系统管道绝热工程的施工，应在管路系统强度和严密性检验合格和防腐处理结束后进行。

10.1.3 防腐工程施工时，应采取防火、防冻、防雨等措施，且不应在潮湿或低于5℃的环境下作业。绝热工程施工时，应采取防火、防雨等措施。

10.1.4 风管、管道的支、吊架应进行防腐处理，明装部分应刷面漆。

10.1.5 防腐与绝热工程施工时，应采取相应的环境保护和劳动保护措施。

2.2.8 《建筑电气工程施工质量验收规范》GB 50303—2015

18.1.1 灯具固定应符合下列规定：

1 灯具固定应牢固可靠，在砌体和混凝土结构上严禁使用木楔、尼龙塞或塑料塞固定；

2 质量大于10kg的灯具，固定装置及悬吊装置应按灯具重量的5倍恒定均布载荷做强度试验，且持续时间不得少于15min。

20.1.3 插座接线应符合下列规定：

1 对于单相两孔插座，面对插座的右孔或上孔应与相线连接，左孔或下孔应与中性导体（N）连接；对于单相三孔插座，面对插座的右孔应与相线连接，左孔应与中性导体（N）连接。

2 单相三孔、三相四孔及三相五孔插座的保护接地导体（PE）应接在上孔；插座的保护接地导体端子不得与中性导体端子连接；同一场所的三相插座，其接线的相序应一致。

3 保护接地导体（PE）在插座之间不得串联连接。

4 相线与中性导体（N）不应利用插座本体的接线端子转接供电。

2.3 管理规定

（1）ICU室施工创建精品工程应以经济、适用、美观、节能环保及绿色施工为原则，做到策划先行，样板引路，过程控制，一次成优。

（2）ICU室施工质量工作应全面、细致，从工程质量及使用功能等方面综合考虑，明确细部做法，统一质量标准，加强过程质量管控措施，达到一次成优。

（3）ICU室施工采用BIM模型、文字及现场样板交底结合的方式进行全员交底，明确施工工序、质量要求及标准做法，以确保策划的有效落地。

（4）ICU室各专业所采用的材料、设备应有产品合格证书和性能检测报告，其品种、规格、性能等应符合国家现行产品标准和设计要求。

（5）ICU室施工应全面考虑各单位施工内容及相互影响因素，合理安排工序穿插。

（6）ICU室施工应加强过程质量的监督检查，确保各环节施工质量。同时，做好专业间工作面移交检查验收工作，重点关注隐蔽内容及成品保护措施。

（7）ICU室施工技术复核工作至关重要，是保证每个关键节点符合要求的关键过程。各施工阶段应及时对各工序涉及的重点点位进行复核、实测及纠偏，确保符合图纸及深化要求。

（8）ICU室施工各工种穿插施工时，应采取有效护、包、盖、封等成品保护措施。

2.4 深 化 设 计

2.4.1 图纸深化设计及管线综合排布

1. 深化原则

1）整体设计要求

根据规模大小，按比例合理分割统筹考虑，包括房间设置、设施摆放、通道划分、医护人员与病员、家属之间的关系，要求高效有序。装修后的 ICU 室不仅能很好地满足使用功能的要求，也能为医护人员和患者营造良好的医疗环境。

2）专业设计要求

ICU 室的饰面材料应遵循不产尘、不积尘、耐腐蚀、防潮防霉、容易清洁和符合防火要求的总原则。

色彩要温和、淡雅。ICU 室范围内与空气直接接触的外露材料不得使用木材和石膏等粉制材料。电气设计、净化空调设计、医用气体管线及终端设计等均应按专业化要求进行。

3）室内装修设计要求

（1）墙面和天花板。

采用可隔声、坚实、光滑、无空隙、防火、防湿、易清洁的材料。颜色采用淡蓝、淡绿为宜。观片灯及药品柜、操作台等应设在墙内。

墙面与平顶、墙面与地面及不同的墙面与墙面相交处的阴（阳）角，宜做成小圆角构造，以避免积尘，方便清扫。

（2）门。

门应宽大、无门槛，净宽不宜小于 1.4m，便于平车出进，应避免使用易摆动的弹簧门，以防气流使尘土及细菌飞扬。

宜采用设有自动延时关闭装置的电动悬挂式自动感应门。

ICU 室门上设置固定观察窗。

（3）地面。

地面应采用坚硬、光滑、易刷洗的材料面层。地面稍倾斜，低处设地漏，利于排出污水，排水孔加盖，以免污染空气进入室内或被异物堵塞。

地面应做到平整、光滑、耐磨、耐腐蚀（酸、碱、药）、易清洁，可选用橡胶、聚氨酯涂料、树脂类板材等，少接缝，可避免污物及细菌的堆积，耐污易洁，脚感舒适，安装及更换简便。

4）防火要求

ICU 室按一级耐火等级进行建筑防火设计和室内装修防火设计。

（1）墙体、墙面：疏散走道两侧隔墙耐火极限不小于 1h，房间隔墙耐火极限不小于 0.75h。

（2）吊顶：耐火极限不小于 0.25h。

5）机电深化设计要求

（1）大管优先，小管避让大管。

（2）有压管避让无压管（压力流管避让重力流管）。

（3）低压管避让高压管。

（4）常温管避让高温、低温管。

（5）可弯管线避让不可弯管线、分支管线避让主干管线。

（6）附件少的管线避让附件多的管线。

（7）电气管线避热避水，在热水管线、蒸汽管线上方及水管的垂直下方不宜布置电气线路。

（8）安装、维修空间为500mm。

（9）预留管廊内柜机、风机盘管等设备的拆装距离。

（10）管廊内吊顶标高以上预留250mm的装修空间。

（11）各防火分区处，卷帘门上方预留管线通过的空间，如空间不足，选择绕行。

（12）其他避让原则：气体管道避让水管，金属管避让非金属管，一般管道避让通风管，施工简单的避让施工难度大的，工程量小的避让工程量大的，技术要求低的避让技术要求高的，检修次数少、检修方便的避让检修频繁、检修难度大的，非主要管线避让主要管线，临时管线避让永久管线，新建管线避让已建成管线。

2. 深化顺序

1）墙面材料设计要求

ICU室内墙面应使用不易开裂、阻燃、易清洗和耐碰撞的材料，墙面必须平整、防潮防霉。Ⅰ、Ⅱ级洁净室墙面可用整体或装配式壁板。

ICU室内墙面下部的踢脚必须与墙面齐平或凹于墙面，踢脚必须与地面成整体，踢脚与地面交界处的阴角必须做成$R \geqslant 40$mm的圆角。ICU室内墙体转角和门的竖向侧边的阳角应为圆角。

ICU室墙面顶面装饰面层采用拼装有缝做法，墙板之间预留5mm板缝，用中性耐候胶嵌缝处理。

墙面所有嵌入式柜子，完成面与墙面在一个面上，不得突出或凹于墙面。

2）顶棚设计要求

材料要求与墙体一致，采用不易开裂、阻燃、易清洗和耐碰撞的材料。墙面与顶棚相接处为圆弧形。

3）地面材料

ICU室内地面应平整，采用耐磨、防滑、耐腐蚀、易清洗、不易起尘与不开裂的材料制作。

4）门窗设计要求

门窗采用成品门窗。墙体施工时与成品门窗厂家配合预留及墙体加固。

医用气密手推门采用钢制门。手动平开门窗洞口位置采用镀锌方钢加固，自动门门洞加固采用镀锌槽钢加固。

洁净窗使用50mm厚（5+40+5）双层中空钢化玻璃，采用多形式门洞包边，且配有高强度耐磨密封条，满足净化要求。

钢质门材质为环保镀锌钢板，表面静电喷塑，抗污。

ICU室的门宜采用电动悬挂式自动推拉门，应设有自动延时关闭装置。

5）其他要求

ICU室内与室内空气直接接触的外露材料不得使用木材和石膏。

ICU室内严禁使用可持续挥发有机化学物质的材料和涂料。

ICU 室应采取防静电措施。

ICU 室内必须设置的插座、开关、器械柜、观片灯等均应嵌入墙内，不突出墙面。

ICU 室内不应有明露管线。

ICU 室的吊顶及吊挂件，必须采取牢固的固定措施。

3. 深化排布基本要求

（1）ICU 室墙面：镀锌方钢龙骨＋彩钢板、洁净抗菌板。

（2）ICU 室墙面顶棚：镀锌方钢龙骨＋块料吊顶（洁净板、石膏板等）。

（3）ICU 室地面：自流平＋抗静电橡胶卷材。

（4）排板需保证墙板与圆弧板对缝。

（5）尽量利用梁内空间，绝大部分管道在安装时均为贴梁底走管，梁与梁之间通常存在很大的空间，尤其是当梁高很大时，在管道十字交叉时，这些梁内空间可以很好地利用起来。在满足拐弯半径条件下，空调风管、桥架和有压水管均可以通过翻转到梁内空间的方法，避免与其他管道冲突，保持路由通畅，满足空间净高要求。

（6）有压管道避让无压管道。无压管道（污水、废水、雨水、空调冷凝水管等）内介质仅受重力作用由高处往低处流，其主要特征是有坡度要求、管道杂质多，容易堵塞，所以无压管道保持直线，满足坡度，尽量避免过多转弯，以保证排水顺畅以及满足空间净高。有压管道（给水管道、消火栓管道、喷水灭火管道、热水管道、空调水管）在外加压力（水泵）作用下，介质克服沿程阻力沿一定方向流动，一般而言，改变管道走向、上下翻管、绕道走管不会对其供水有太大的影响。因此，当有压管道与无压管道碰撞时，应首先考虑改变有压管道的路径。

（7）小管道避让大管道。大管道由于造价高（特别是配件）、尺寸重量大等原因，一般不会做过多地翻转和移动，应先确定大管道的位置，后布置小管道的位置。两者发生冲突时，应调整小管道，因为小管道造价低而且占用空间小，易于更改和移动安装。

（8）冷水管道避让热水管道。热水管道需要保温，造价较高，且保温后的管径较大，另外，热水管道翻转过于频繁会导致集气，因此在两者相遇时，一般调整冷水管道。

（9）电缆（动力、自控、通信等）桥架与水管宜分开布置或布置在其上方，以免管道渗漏时损坏（室外接入处桥架应做好防水排水）线缆造成事故。如必须在一起敷设，电缆应考虑设防水保护措施，各种管线在同一处垂直方向布置时，一般是线槽或电缆在上水管在下，热水管在上冷水管在下，风管在上水管在下，尽可能使管线呈直线，相互平行不交叉，使安装维修方便，降低工程造价。

（10）附件少的管道避让附件多的管道。安装多附件管道时要注意管道之间留出足够的空间，这样有利于施工操作以及今后的检修（设备房需考虑法兰、阀门等附件所占的位置）、更换管件。

2.5 铺贴地面

2.5.1 适用范围

ICU 病房地面防静电橡胶地面、PVC 地面。

2.5.2　质量要求

贴面材料物理性能及外观尺寸符合《防静电贴面板通用技术规范》SJ/T 11236—2020的要求。

基层地坪应平整、坚硬、干燥、密实、洁净、无油脂及其他杂质，不得有麻面、起砂、裂缝等缺陷。

铺贴完毕后表面必须清洁干净，平整度要求为每2m内长度误差不大于2mm，粘结及接缝牢固、平整、通顺，表面无气泡、无脱壳现象。

2.5.3　工艺流程

基层预处理→界面剂（底涂）处理→自流平施工→养护24～48h→分格弹线→试铺地板→刮胶→铺贴地板→排气压实→开槽焊接→清洁保养→成品保护

2.5.4　精品要点

（1）地面基层干燥，无空鼓、裂缝、起砂、油脂污染等现象，表面平整光洁。

（2）采用界面剂进行界面处理，界面剂纵横交错、涂刷均匀。

（3）自流平在地面自然流平整后，0.5h内用滚子纵横滚动，赶出气体，防止起泡，达到接茬平整。

（4）涂刮胶粘剂时，胶量应均匀同向赶压，确保地板背面胶满粘，手提滚动轮进行赶压。

（5）热风熔接进行接缝处理时，必须使用原厂同色的焊条焊接，粘接牢固，缝口溢胶应用湿布擦洗干净。

（6）地板有充分的粘结力后用专用割槽刀切槽，槽深一般为地板厚度的1/2～2/3。

2.5.5　实例或示意图

示意图见图 2.5-1、图 2.5-2。

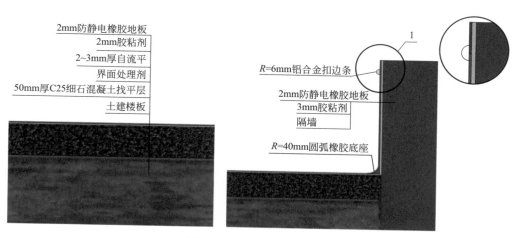

图 2.5-1　防静电橡胶地板

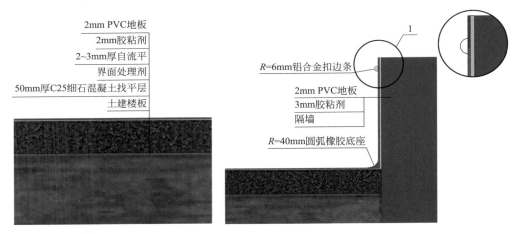

图 2.5-2　PVC 地板

2.6　块料墙面

2.6.1　适用范围

适用于 ICU 病房墙面，洁净彩钢板、电解铝板、铝塑板、电解钢板、洁净抗菌板等块材。

2.6.2　质量要求

材料符合设计及规范要求。

表面平整度不大于 2mm，接缝直线度不大于 1mm，接缝高低差不大于 0.2mm，分格缝宽窄一致，打胶光滑、顺直。

2.6.3　工艺流程

现场实际尺寸量测→计算机排板→弹线定位→龙骨及基层板安装→面板安装→打胶→清理

2.6.4　精品要点

（1）根据规格墙、顶、地对缝；

（2）阴、阳角处应背面剔槽，整板包角，整板包角处阳角每边宽度应不小于 300mm，接缝宽度宜为 3mm；

（3）水、暖、电等线盒居于板块中间或骑缝；

（4）考虑留缝宽度；

（5）面板与孔洞、线盒等套割吻合、边缘整齐；

（6）密封胶嵌凹缝，胶面低于面板表面 1～2mm，胶面应光滑、平整。

2.6.5 实例或示意图

示意图见图2.6-1～图2.6-5。

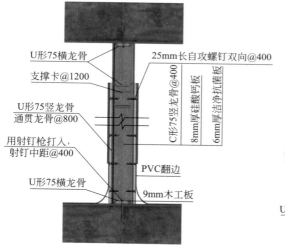

图 2.6-1 轻钢龙骨洁净抗菌板断面图

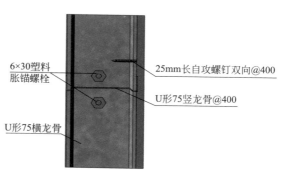

图 2.6-2 墙平面节点大样图

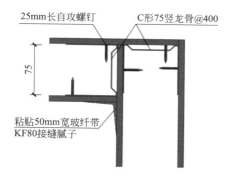

图 2.6-3 墙转角处平面节点大样图

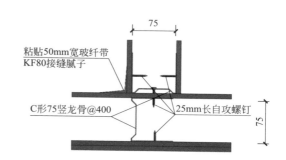

图 2.6-4 横竖墙交接处节点大样图

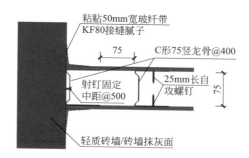

图 2.6-5 砖墙接抗菌节点板大样图

2.7 块料吊顶

2.7.1 适用范围

适用于使用块料吊顶的 ICU 病房。

2.7.2 质量要求

材料符合设计及规范要求。

表面平整度不大于 2mm，接缝高低不大于 1mm，直线度不大于 2mm。

2.7.3 工艺流程

实际尺寸量测→计算机排板→弹线定位→吊杆及龙骨安装→灯具、风口、喷淋等安装→面板安装

2.7.4 精品要点

（1）考虑镶边形式及尺寸。

（2）无小于 1/3 板块及 200mm 的非整块，无法避免时应采用镶边、凹槽等方式调整消除。

（3）根据排板图及面板规格，弹出吊顶面板标高线，面板、灯具、烟感、喷淋等位置线，灯具、风口、喷淋、烟感等应对称、成行成线布设。

（4）宜与地面材料规格、排板上下呼应。

（5）吊顶与墙面间宜采用"W"形或其他凹槽形式，面板应从中间向四周分散安装，安装时应注意面板背面箭头方向一致，拼花吻合，无色差。拉通线调整龙骨及金属面板接缝顺直度，确保接缝平齐、严密。

2.7.5 实例或示意图

示意图见图 2.7-1～图 2.7-4。

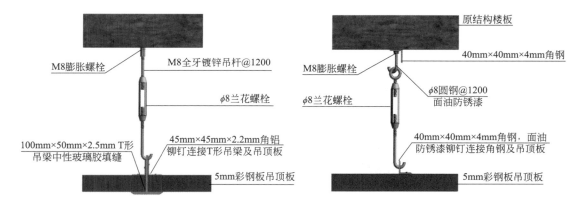

图 2.7-1　彩钢板吊顶示意图

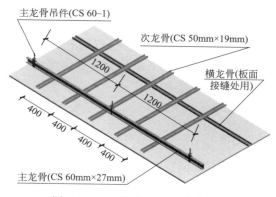

图 2.7-2　洁净抗菌板吊顶示意图

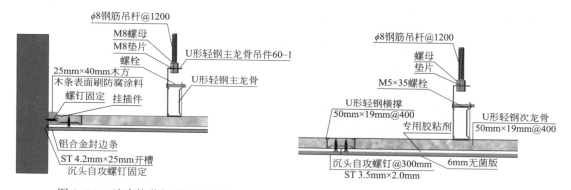

图 2.7-3　洁净抗菌板吊顶大样图一　　　　图 2.7-4　洁净抗菌板吊顶大样图二

2.8　支架制作、安装

2.8.1　适用范围

适用于桥架、管道、风管支架。

2.8.2　质量要求

支架上不得气割螺孔和存在废孔，支架安装牢固、平整，焊缝应饱满、平滑，油漆均匀、光亮。

2.8.3　工艺流程

形式的设计或选择→绘制加工图样→下料→钻孔→焊接→刷漆→安装

2.8.4　精品要点

(1) 根据管道的数量、管径、走向、空间布局选用合适的支架形式；下料应采用切割机，用台钻钻螺栓孔，孔径为螺栓直径＋2mm；型钢切割面应打磨光滑，端部倒圆弧角，倒角半径为型钢端面边长的 1/3～1/2，支架拐角处应采用 45°拼接，拼接缝采用焊接，焊缝应饱满、打磨平滑；支架应先刷防锈漆两道，再刷灰色面漆两道，埋地支架埋入部分及地面以上 50mm±1mm 内刷防锈漆两道后再刷沥青防腐面漆两道。

（2）支架宜优先采用预埋钢板焊接安装固定，预埋件与墙面交接处应处理干净；支架固定采用后置钢板膨胀螺栓时，螺栓距钢板边沿尺寸应为 25～30mm，螺栓根部应加垫片，外露支架的螺栓宜采用圆头螺母收头；成排支架标高、形式、朝向应一致，支撑面应为平面。

2.8.5　实例或示意图

实例图见图 2.8-1。

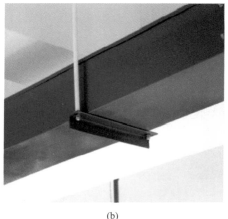

(a)　　　　　　　　　　　　　　(b)

图 2.8-1　管道支架

2.9　面板、接线盒安装

2.9.1　适用范围

适用于 ICU 病房。

2.9.2　质量要求

（1）开关、插座材料必须具有 3C 安全认证标识。

（2）开关、插座安装位置应便于操作，符合设计要求。

（3）开关、插座安装前，将接线盒内残留的水泥块、杂物剔除干净，再用抹布将盒内灰尘擦干净。

（4）在同一室内的开关，需采用同一系列产品，开关的通断位置一致。

（5）相线必须进开关控制。

（6）面对单项三孔插座的左侧接零线，右侧接相线，上孔接地线。

（7）单相插座安装完成后，需用插座检测仪对插座的接线及漏电开关动作进行全数检测。

（8）开关、插座最终完成后，面板应紧贴装饰面，安装牢固。

2.9.3　工艺流程

接线盒安装→跨接接地→穿线→安装面板

2.9.4　精品要点

（1）在导管敷设时，按照规范要求在适当位置设置过路接线盒。

（2）过路盒安装时距地高度宜为300mm；在结构板内安装过路盒时，应用扎丝绑紧，盒内填充密实，表面用胶带密封。

（3）导管应垂直进入线盒，焊接管丝头伸入线盒长度不大于5mm，盒子内外钢管锁母上紧，接地（KBG、JDG管可用盒接头与过路接线盒连接），用圆钢在焊管间、焊管与过路盒间进行接地跨接；盒内穿线应留有适当余量；管口加护口。

（4）安装过路盒面板，面板应紧贴墙面或顶面。

2.9.5　实例或示意图

示意图见图2.9-1。

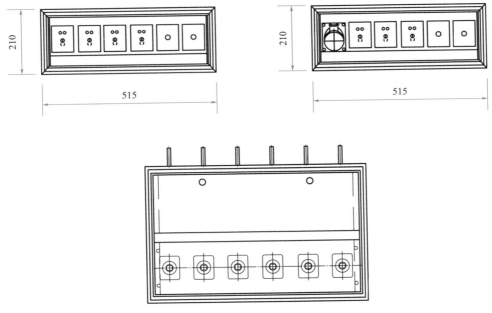

图2.9-1　面板示意图

2.10 风管安装

2.10.1 适用范围

适用于各类型工程的 ICU 病房。

2.10.2 质量要求

通丝螺杆的垂直度控制在 2mm/m 内，吊杆根部干净、横担平正。

2.10.3 工艺流程

支架下料加工→刷油漆→弹线定位→安装

2.10.4 精品要点

（1）悬吊支架：横担下料长度为风管底面宽度＋100mm（含保温），角钢端部倒圆弧，倒角半径宜为角钢边长的 1/3～1/2。吊杆穿孔中心距横担端头 25mm，横担统一刷灰色防锈漆两道。外露吊杆端部用螺母固定后加圆头螺母收头。

（2）固定支架宜设置在主梁和次梁上，其设置方向应同其他支架。固定支架伸入梁的长度不宜小于 200mm，固定点每侧不少于两个，上部固定点距支架顶端不宜小于 50mm，底部固定点距梁底端不宜小于 50mm，固定点间距不宜小于 100mm，所有型钢支架尖角必须倒成圆弧角。

（3）水平风管支吊架间距不大于 3m，风管长度大于 20m 时应设置防晃支架。支吊架距风口应大于 200mm。

2.10.5 实例或示意图

示意图见图 2.10-1～图 2.10-3。

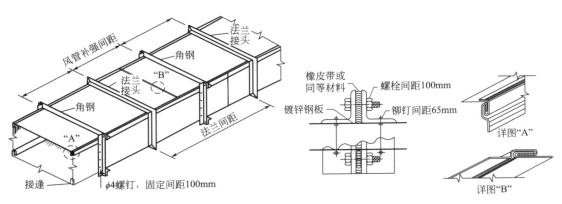

图 2.10-1　面板示意图

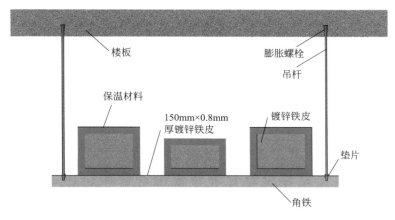

图 2.10-2 多根风管吊装大样图

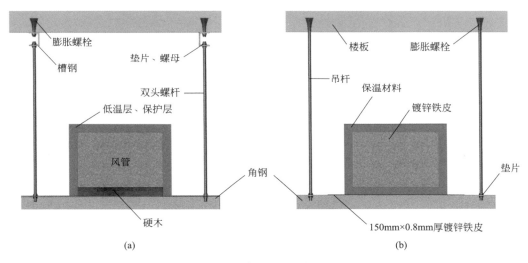

(a)   (b)

图 2.10-3 单根风管吊装大样图

2.11 风口安装

2.11.1 适用范围

适用于各类型工程的 ICU 病房。

2.11.2 质量要求

软接头长度以 20~30mm 为宜，接口严密，金属压条平顺。风口与装饰面接触紧密。风口平整度、牢固性、高度一致。

2.11.3 工艺流程

风口定位→风口颈部打眼→连接风口箱体→安装过滤器→固定风口→校正

2.11.4 精品要点

（1）根据图纸，确定风口位置。

（2）方木防火防腐处理后固定在吊顶龙骨上，用自攻螺钉将风口固定在方木上，自攻螺钉间距不大于 300mm。

（3）校正风口，与吊顶接合严密。

2.11.5 实例或示意图

示意图见图 2.11-1。

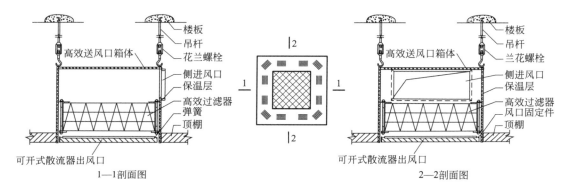

图 2.11-1　高校送风口安装大样图

2.12 管道穿板

2.12.1 适用范围

适用于各类型工程的 ICU 病房。

2.12.2 质量要求

套管间隙均匀，出板高度符合规范要求。

2.12.3 工艺流程

套管制作与安装→矿棉＋防火泥（15mm）→吊洞→安装装饰圈

2.12.4 精品要点

（1）先按管道规格及所穿楼板的厚度切割套管（套管比立管大 1～2 个管号，套管间隙以 10～20mm 为宜，套管高出装饰面层 20～30mm，多水房间时应为 50mm），套管规格应考虑管道保温或保冷层厚度，使保温或保冷层在套管内不间断，套管安装前内外刷防锈漆，按所需数量套入管道，调直固定好管位。

（2）管道穿板后，进行防火密实封堵。

（3）套管底部安装饰圈。

2.12.5　实例或示意图

示意图见图 2.12-1～图 2.12-3。

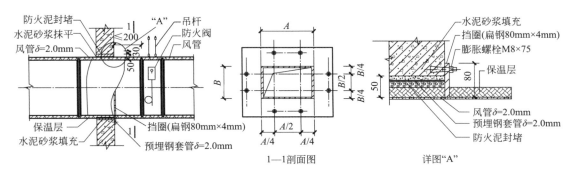

图 2.12-1　水平风管穿越防火墙安装示意图

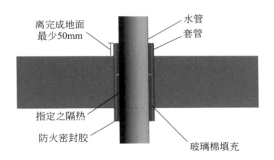

图 2.12-2　穿楼板管道大样图

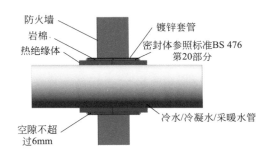

图 2.12-3　冷水、冷凝水、采暖水管穿越防火墙安装详图

第3章

医院功能用房——心血管监护(CCU)室

3.1 一般规定

（1）CCU室地面平整美观，无起拱变形，与墙接缝处顺直。

（2）吊顶表面平整、洁净美观、色泽一致，无翘曲、凹坑、划痕。接口位置排列有序，板缝顺直、宽窄一致，套割尺寸准确、边缘整齐。

（3）CCU室内灯具造型应简洁，宜采用不宜积尘、便于清洁的密闭型灯具。

（4）管道接头位置设置合理，相邻管道接头位置错位设置标高一致，整齐美观。

（5）饰面材料表面应洁净、色泽一致，不得有翘曲、裂缝及缺损。

（6）门、窗框安装牢固、方正，表面洁净、平整，无划痕。门、窗框与墙体间隙填塞材料应饱满、均匀和密实。

3.2 规范要求

3.2.1 《综合医院建筑设计规范》GB 51039—2014

6.2.6 采用非手动开关的用水点应符合下列要求：

2 护士站、治疗室、洁净室和消毒供应中心、监护病房和烧伤病房等房间的洗手盆，应采用感应自动、膝动或肘动开关水龙头。

7.5.3 监护病房应符合下列要求：

1 温度在冬季不宜低于24℃，夏季不宜高于27℃。

3 采用洁净用房的宜用Ⅳ级标准设计，宜设置独立的净化空调系统，病房对走廊或走廊对外界宜维持不小于5Pa的正压。

3.2.2 《综合医院建设标准》建标110—2021

第五章 建筑与建筑设备

第三十九条 综合医院的室内装修和设施应符合下列规定：

一、应选用耐用、环保、安全、易清洁和具有抗菌性的材料。

二、有推床（车）通过的门和墙面宜采取防碰撞措施。

三、化验台、操作台等台面均应采用易洁净、耐腐蚀、可冲洗和耐燃烧的面层，相关的洗涤池和排水管应采用耐腐蚀的材料。

四、厕所卫生洁具、洗涤池应采用耐腐蚀、难积垢和易清洁的节水型建筑配件。

五、儿童诊疗区域的门窗、家具和地面等应采取必要的安全保护措施。

六、检查、治疗用房应充分考虑使用人群的隐私保护。

七、药品的储存、配制以及医学实验室的有毒物质、危险化学品等物品应设置安全的存储及管理设施。

八、放射诊断治疗等用房应采用相应的射线屏蔽防护设施，满足射线防护和职业病安全评价要求。

3.2.3 《洁净室施工及验收规范》GB 50591—2010

4.1.3 洁净室的建筑装饰材料除应满足隔热、隔声、防振、防虫、防腐、防火、防静电等要求外，尚应保证洁净室的气密性和装饰表面不产尘、不吸尘、不积尘，并应易清洗。

4.1.4 洁净室不应使用木材和石膏板作为表面装饰材料。隐蔽使用的木材应经充分干燥并作防潮防腐和防火处理，石膏板应为防水石膏板。

4.1.5 洁净室建筑装饰工程施工应实行施工现场封闭清洁管理，在洁净施工区内进行粉尘作业时，应采取有效防止粉尘扩散的措施。

4.1.6 洁净室建筑装饰施工现场的环境温度不宜低于5℃。当在低于5℃的环境温度下施工时，应采取保证施工质量的措施。对有特殊要求的装饰工程，应按设计要求的温度施工。

5.3.4 法兰上各螺栓的拧紧力矩应大小一致，并应对称逐渐拧紧，安装后不应有拧紧不匀的现象。

5.3.5 柔性短管应选用柔性好、表面光滑、不产尘、不透气、不产生静电和有稳定强度的难燃材料制作，安装应松紧适度、无扭曲。安装在负压段的柔性短管应处于绷紧状态，不应出现扁瘪现象。柔性短管的长度宜为150mm～300mm，设于结构变形缝处的柔性短管，其长度宜为变形缝的宽度加100mm以上。不得以柔性短管作为找平找正的连接管或变径管。

5.3.6 当柔性短管用单层材料制作时，光面应朝里。当在管内气温低于管外气温露点条件下使用时，应采取绝热措施或采用带绝热层的成品。如采用双层材料制作柔性短管，内、外表面应为光面。

5.3.7 风管和部件应在安装时拆卸封口，并应立即连接。当施工停止或完毕时，应将端口封好，若安装时封膜有破损，安装前应将风管内壁再擦拭干净。

5.3.8 风管在穿过防火、防爆墙或楼板等分隔物时，应设预埋管或防护套管。预埋管或防护套管钢板壁厚不应小于1.6mm，风管与套管之间空隙处应用对人无害的不燃柔性材料封堵，然后用密封胶封死，表面最后应进行装饰处理。

5.3.10 潮湿地区的排风管应设不小于 0.3‰ 的坡度，坡向排出方向，在末端宜设凝结水收集装置。

5.3.11 擦拭风管内表面应采用不掉纤维的长丝白色纺织材料。

5.3.12 风管系统不得作为其他负荷的吊挂架，支风管的重量不得由干管承受，送风末端应独立设置可调节支吊架。

5.3.13 风管绝热材料不应采用易破碎、掉渣和对人体有刺激作用的材质。

5.5.1 安装系统新风口处的环境应清洁，新风口底部距室外地面应大于 3m，新风口应低于排风口 6m 以上。当新风口、排风口在同侧同高度时，两风口水平距离不应小于 10m，新风口应位于排风口上风侧。

5.5.2 新风入口处最外端应有金属防虫滤网，并应便于清扫其上的积尘、积物。新风入口处应有挡雨措施，净通风面积应使通过风速在 5m/s 以内。

5.5.3 新风过滤装置的安装应便于更换过滤器、检查压差显示或报警装置。

5.5.4 回风口上的百叶叶片应竖向安装，宜为可关闭的，室内回风口有效通风面积应使通风速度在 2m/s 以内，走廊等场所在 4m/s 以内。当对噪声有较严要求时，上述速度应分别在 1.5m/s 以内和 3m/s 以内。

5.5.5 回风口的安装方式和位置应方便更换回风过滤器。

5.5.6 在回、排风口上安有高效过滤器的洁净室及生物安全柜等装备，在安装前应用现场检漏装置对高效过滤器扫描检漏，并应确认无漏后安装。回、排风口安装后，对非零泄漏边框密封结构，应再对其边框扫描检漏，并应确认无漏；当无法对边框扫描检漏时，必须进行生物学等专门评价。

5.5.7 当在回、排风口上安装动态气流密封排风装置时，应将正压接管与接嘴牢靠连接，压差表应安装于排风装置近旁目测高度处。排风装置中的高效过滤器应在装置外进行扫描检漏，并应确认无漏后再安入装置。

3.2.4 《医疗建筑电气设计规范》JGJ 312—2013

8.3.2 一般照明设计除应符合本规范第 8.2 节的规定外，还应符合下列规定：

1 室内同一场所一般照明光源的色温、显色性宜一致；除配合治疗用的特殊照明外，其他一般照明不应采用彩色光，室内装饰照明不宜采用彩色光；

2 病房一般照明宜选用带罩灯具吸顶或嵌入安装，当选用荧光灯具时，宜选用无光泽白色反射体；除特别需要，不宜采用反射式间接照明方式；

14.3.1 二级及以上医院应设置护理呼叫信号系统，一级及以下医院宜设置护理呼叫信号系统。护理呼叫信号系统的功能应经济适用。

14.3.2 护理呼叫信号系统应由主机、对讲分机、卫生间紧急呼叫按钮（拉线报警器）、病房门灯和显示屏等组成。

14.3.3 护理呼叫信号系统应按护理单元设置，各护理单元的呼叫主机应设在本护理单元的护士站。

14.3.4 护理呼叫信号系统设备的安装应便于观察、操作。

3.2.5 《建筑内部装修设计防火规范》GB 50222—2017

4.0.1 建筑内部装修不应擅自减少、改动、拆除、遮挡消防设施、疏散指示标志、安全出口、疏散出口、疏散走道和防火分区、防烟分区等。

4.0.4 地上建筑的水平疏散走道和安全出口的门厅,其顶棚应采用A级装修材料,其他部位应采用不低于B₁级的装修材料;地下民用建筑的疏散走道和安全出口的门厅,其顶棚、墙面和地面均应采用A级装修材料。

3.2.6 《建筑给水排水设计标准》GB 50015—2019

3.1.3 中水、回用雨水等非生活饮用水管道严禁与生活饮用水管道连接。

3.3.4 卫生器具和用水设备等的生活饮用水管配水件出水口应符合下列规定:

1 出水口不得被任何液体或杂质所淹没;

2 出水口高出承接用水容器溢流边缘的最小空气间隙,不得小于出水口直径的2.5倍。

3.3.13 严禁生活饮用水管道与大便器(槽)、小便斗(槽)采用非专用冲洗阀直接连接。

4.4.2 排水管道不得穿越下列场所:

3 遇水会引起燃烧、爆炸的原料、产品和设备的上面。

3.2.7 《给水排水管道工程施工及验收规范》GB 50268—2008

1.0.3 给水排水管道工程所用的原材料、半成品、成品等产品的品种、规格、性能必须符合国家有关标准的规定和设计要求;接触饮用水的产品必须符合有关卫生要求。严禁使用国家明令淘汰、禁用的产品。

3.1.9 工程所用的管材、管道附件、构(配)件和主要原材料等产品进入施工现场时必须进行进场验收并妥善保管。进场验收时应检查每批产品的订购合同、质量合格证书、性能检验报告、使用说明书、进口产品的商检报告及证件等,并按国家有关标准规定进行复验,验收合格后方可使用。

3.1.15 给水排水管道工程施工质量控制应符合下列规定:

1 各分项工程应按照施工技术标准进行质量控制,每分项工程完成后,必须进行检验;

2 相关各分项工程之间,必须进行交接检验,所有隐蔽分项工程必须进行隐蔽验收,未经检验或验收不合格不得进行下道分项工程。

3.2.8 通过返修或加固处理仍不能满足结构安全或使用功能要求的分部(子分部)工程、单位(子单位)工程,严禁验收。

9.1.10 给水管道必须水压试验合格,并网运行前进行冲洗与消毒,经检验水质达到标准后,方可允许并网通水投入运行。

9.1.11 污水、雨污水合流管道及湿陷土、膨胀土、流砂地区的雨水管道,必须经严密性试验合格后方可投入运行。

3.2.8 《建筑给水排水及采暖工程施工质量验收规范》GB 50242—2002

3.3.16 各种承压管道系统和设备应做水压试验，非承压管道系统和设备应做灌水试验。

5.2.1 隐蔽或埋地的排水管道在隐蔽前必须做灌水试验，其灌水高度应不低于底层卫生器具的上边缘或底层地面高度。

检验方法：满水 15min 水面下降后，再灌满观察 5min，液面不降，管道及接口无渗漏为合格。

10.2.1 排水管道的坡度必须符合设计要求，严禁无坡或倒坡。

检验方法：用水准仪，拉线和尺量检查。

3.2.9 《建筑电气工程施工质量验收规范》GB 50303—2015

18.1.1 灯具固定应符合下列规定：

1 灯具固定应牢固可靠，在砌体和混凝土结构上严禁使用木楔、尼龙塞或塑料塞固定；

2 质量大于 10kg 的灯具，固定装置及悬吊装置应按灯具重量的 5 倍恒定均布载荷做强度试验，且持续时间不得少于 15min。

20.1.3 插座接线应符合下列规定：

1 对于单相两孔插座，面对插座的右孔或上孔应与相线连接，左孔或下孔应与中性导体（N）连接；对于单相三孔插座，面对插座的右孔应与相线连接，左孔应与中性导体（N）连接。

2 单相三孔、三相四孔及三相五孔插座的保护接地导体（PE）应接在上孔；插座的保护接地导体端子不得与中性导体端子连接；同一场所的三相插座，其接线的相序应一致。

3 保护接地导体（PE）在插座之间不得串联连接。

4 相线与中性导体（N）不应利用插座本体的接线端子转接供电。

3.2.10 《通风与空调工程施工质量验收规范》GB 50243—2016

4.1.1 风管质量的验收应按材料、加工工艺、系统类别的不同分别进行，并应包括风管的材质、规格、强度、严密性能与成品观感质量等项内容。

4.1.2 风管制作所用的板材、型材以及其他主要材料进场时应进行验收，质量应符合设计要求及国家现行标准的有关规定，并应提供出厂检验合格证明。工程中所选用的成品风管，应提供产品合格证书或进行强度和严密性的现场复验。

4.1.3 金属风管规格应以外径或外边长为准，非金属风管和风道规格应以内径或内边长为准。圆形风管规格宜符合表 4.1.3-1 的规定，矩形风管规格宜符合表 4.1.3-2 的规定。圆形风管应优先采用基本系列，非规则椭圆形风管应参照矩形风管，并应以平面边长及短径径长为准。

圆形风管规格 表 4.1.3-1

风管直径 D(mm)			
基本系列	辅助系列	基本系列	辅助系列
100	80	500	480
	90	560	530
120	110	630	600
140	130	700	670
160	150	800	750
180	170	900	850
200	190	1000	950
220	210	1120	1060
250	240	1250	1180
280	260	1400	1320
320	300	1600	1500
360	340	1800	1700
400	380	2000	1900
450	420	—	—

矩形风管规格 表 4.1.3-2

风管边长(mm)				
120	320	800	2000	4000
160	400	1000	2500	—
200	500	1250	3000	—
250	630	1600	3500	—

9.1.1 镀锌钢管及带有防腐涂层的钢管不得采用焊接连接，应采用螺纹连接。当管径大于 DN100 时，可采用卡箍或法兰连接。

9.1.2 金属管道的焊接施工，企业应具有相应的焊接工艺评定，施焊人员应持有相应类别焊接的技能证明。

9.1.3 空调用蒸汽管道工程施工质量的验收应符合现行国家标准《建筑给水排水及采暖工程施工质量验收规范》GB 50242 的有关规定。温度高于 100℃的热水系统应按国家有关压力管道工程施工的规定执行。

10.1.1 空调设备、风管及其部件的绝热工程施工应在风管系统严密性检验合格后进行。

10.1.2 制冷剂管道和空调水系统管道绝热工程的施工，应在管路系统强度和严密性检验合格和防腐处理结束后进行。

10.1.3 防腐工程施工时，应采取防火、防冻、防雨等措施，且不应在潮湿或低于5℃的环境下作业。绝热工程施工时，应采取防火、防雨等措施。

10.1.4 风管、管道的支、吊架应进行防腐处理，明装部分应刷面漆。

10.1.5 防腐与绝热工程施工时，应采取相应的环境保护和劳动保护措施。

3.3 管理规定

（1）创建 CCU 精品房间应以经济、适用、美观、节能环保及绿色施工为原则，做到策划先行，样板引路，过程控制，一次成优。

（2）质量策划、创优策划工作应全面、细致，从工程质量及使用功能等方面综合考虑，明确细部做法，统一质量标准，加强过程质量管控措施，达到一次成优。

（3）优化施工方案，积极采用先进施工工艺，科学安排施工进度，合理调配和安排劳动力，对总体施工管理目标做到周全、细致的安排，对施工中易碰到的技术问题制定详细的针对性措施。

（4）采用 BIM 模型、文字及现场样板交底结合的方式进行全员交底，明确施工工序、质量要求及标准做法，以确保策划的有效落地。

（5）工程使用的原材料、成品、半成品必须持有出厂合格证和检验报告，不允许不合格材料用于工程上。

（6）全面考虑各专业单位施工内容的相互影响因素，合理安排工序穿插。

（7）加强过程质量的监督检查，确保各环节施工质量。同时，做好专业间工作面移交检查验收工作，重点关注隐蔽内容及成品保护措施。

（8）严格执行施工质量的检查验收，认真贯彻"自检、互检、工序间交接检和专职检查"的三检制度。

3.4 深化设计

3.4.1 深化顺序

施工图设计说明深化→平面布置图深化→吊顶布置图深化→地面铺装图深化→机电平面图深化→立面图深化→剖面、大样图深化

3.4.2 图纸深化设计

1. 整体设计要求

CCU 室宜与急诊部、介入治疗科室邻近，并应有快捷联系设施。应根据规模大小，按比例合理分割、统筹考虑，包括房间设置，设施摆放，通道划分，医护人员与病员、家属之间的关系，要求高效有序。装修后不仅能很好地满足使用功能的要求，也能为医护人员和患者营造良好的医疗环境。

2. 专业设计要求

洁净区饰面材料应遵循不产尘、不积尘、耐腐蚀、防潮防霉、容易清洁和符合防火要求的总原则。色彩要温和、淡雅。洁净区范围内与空气直接接触的外露材料不得使用木材和石膏等粉制材料。

电气设计、净化空调设计、医用气体管线及终端设计等均应按专业化要求进行。

3. 室内装修设计要求

（1）医疗用房的地面、踢脚板、墙裙、墙面、顶棚应便于清扫或冲洗，其阴阳角宜做成圆角。踢脚板、墙裙应与墙面平齐。

（2）医院卫生学要求高的用房，其室内装修应满足易清洁、耐腐蚀的要求。

（3）应选用耐用、环保、安全、易清洁和具有抗菌性的材料。

（4）有推床（车）通过的门和墙面宜采取防碰撞措施。

4. 防火要求

（1）医院建筑耐火等级不应低于二级。

（2）防火分区内的 CCU 室应采用耐火极限不低于 2.00h 的不燃烧体，与其他部分隔开。

（3）每个护理单元应有 2 个不同方向的安全出口，并设疏散指示标识。

（4）病房应采用快速反应喷头。

（5）贵重设备用房应设置气体灭火装置。

5. 机电深化设计要求

（1）大管优先，小管避让大管。

（2）有压管避让无压管（压力流管避让重力流管）。

（3）低压管避让高压管。

（4）常温管避让高温、低温管。

（5）可弯管线避让不可弯管线、分支管线避让主干管线。

（6）附件少的管线避让附件多的管线。

（7）电气管线避热避水，在热水管线、蒸汽管线上方及水管的垂直下方不宜布置电气线路。

（8）安装、维修空间 500mm。

（9）预留管廊内柜机、风机盘管等设备的拆装距离。

（10）管廊内吊顶标高以上预留 250mm 的装修空间。

（11）各防火分区处，卷帘门上方预留管线通过的空间，如空间不足，选择绕行。

（12）其他避让原则：气体管道避让水管，金属管避让非金属管，一般管道避让通风管，施工简单的避让施工难度大的，工程量小的避让工程量大的，技术要求低的避让技术要求高的，检修次数少、检修方便的避让检修频繁、检修难度大的，非主要管线避让主要管线，临时管线避让永久管线，新建管线避让已建成管线。

3.4.3 管线综合排布基本要求

（1）尽量利用梁内空间，绝大部分管道在安装时均为贴梁底走管，梁与梁之间通常存在很大的空间，尤其是当梁高很大时，在管道十字交叉时，这些梁内空间可以很好地利用起来。在满足拐弯半径条件下，空调风管、桥架和有压水管均可以通过翻转到梁内空间的方法，避免与其他管道冲突，保持路由通畅，满足空间净高要求。

（2）有压管道避让无压管道。无压管道（污水、废水、雨水、空调冷凝水管等）内介质仅受重力作用由高处往低处流，其主要特征是有坡度要求、管道杂质多、容易堵塞，所以无压管道保持直线，满足坡度，尽量避免过多转弯，以保证排水顺畅以及满足空间净高。有压管道（给水管道、消火栓管道、喷水灭火管道、热水管道、空调水管）在外加压力（水泵）作用下，介质克服沿程阻力沿一定方向流动，一般而言，改变管道走向、上下翻管、绕道走管不会对其供水有太大的影响。因此，当有压管道与无压管道碰撞时，应首先考虑改变有压管道的路径。

（3）小管道避让大管道。大管道由于造价高（特别是配件）、尺寸重量大等原因，一般不会做过多的翻转和移动，应先确定大管道的位置，后布置小管道的位置。两者发生冲突时，应调整小管道，因为小管道造价低而且占用空间小，易于更改和移动安装。

（4）冷水管道避让热水管道。热水管道需要保温，造价较高，且保温后的管径较大，另外，热水管道翻转过于频繁会导致集气，因此在两者相遇时，一般调整冷水管道。

（5）电缆（动力、自控、通信等）桥架与水管宜分开布置或布置在其上方，以免管道渗漏时损坏（室外接入处桥架应做好防水排水）线缆造成事故。如必须在一起敷设，电缆应考虑设防水保护措施，各种管线在同一处垂直方向布置时，一般是线槽或电缆在上水管在下，热水管在上冷水管在下，风管在上水管在下，尽可能使管线呈直线，相互平行不交叉，使安装维修方便，降低工程造价。

（6）附件少的管道避让附件多的管道，安装多附件管道时要注意管道之间留出足够的空间，这样有利于施工操作以及今后的检修（设备房需考虑法兰、阀门等附件所占的位置）、更换管件。

3.5 地面施工（防静电橡胶地板、PVC 地面）

3.5.1 适用范围

适用于有净化要求的 CCU 室地面。

3.5.2 质量要求

（1）施工原始地面要求已经进行过高级抹灰，平整度最大高差在 2mm 以内（2m 范围内）。施工地面已经清扫完毕，并且达到表面无粉尘及颗粒等杂物的情况下开始自流平施工。

（2）独立完整的施工空间，禁止任何情况下任何人对已完成的地面自流平进行破坏或污染。

（3）封闭的（禁止通风）洁净的施工空间，禁止粉尘或其他杂物污染地面，施工人员必须在安装地板前再一次清理地面。

（4）施工过程中保持不间断的电源（220V，50Hz）。

3.5.3 工艺流程

1. PVC 地面施工工艺

施工准备→清理基层→打磨地面→涂底油 2 遍→自流平找平→PVC 地板铺设→开槽焊接→清洁地面→打蜡抛光→成品保护

2. 防静电橡胶地板施工工艺

施工准备→清理基层→打磨地面→涂底油 2 遍→自流平找平→敷设接地导电铜网→防静电橡胶地板敷设→开槽焊接→清洁地面→打蜡抛光→成品保护

3.5.4　精品要点

（1）地面采用自流平找平，以保证基层平整。

（2）打磨自流平，便于铺贴胶地板，提高粘合力。

（3）PVC胶地板铺设：先在地面画线，按画线裁割卷材；结合层胶水应涂刷均匀。严格按照胶水的使用说明及要求掌握铺贴时间，以保证良好的粘结；按卷材铺设方向预铺，然后折叠起一半；涂刷胶水，接着马上铺贴卷材；铺贴完成后卷材裁边，将相连连接部分割断，同时辊压压实；在卷材接缝处开槽焊接。

（4）要求基层的平整度不大于2mm，无裂缝，不脱壳，无沉坑，无起泡，强度要求用较尖物体用力划地坪后不会留下较深的痕迹，表面光洁度达到手感无粗糙感，以保证胶地板铺设后平整、美观。

（5）施工环境要求室内相对湿度不应大于75%，温度不应小于15℃，地面含水率不超过5%。

3.5.5　实例或示意图

示意图见图3.5-1、图3.5-2。

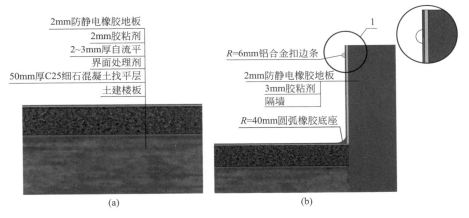

图 3.5-1　防静电橡胶地板

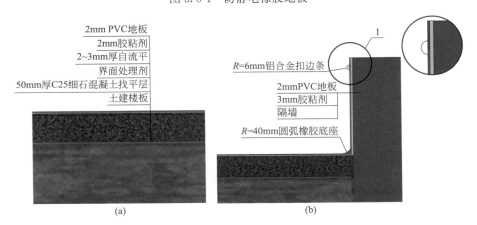

图 3.5-2　PVC 地板

3.6 墙面施工（洁净彩钢板、洁净抗菌板）

3.6.1 适用范围

适用于有净化要求的 CCU 室内墙面。

3.6.2 质量要求

（1）洁净区域的彩钢板安装，在土建及装饰工程完成后方可施工，室内的空间应做到清洁、无积尘。

（2）按施工区确定各门窗位置、距离、规格并标出门开启方向，每单间的对角线尺寸偏差不大于 1‰。

（3）壁板缝隙应控制在 3mm 以下，以保证以后打胶质量，墙角垂直相交，壁板垂直偏差不大于 1.5‰。

（4）安装过程中不得撕下壁板表面保护膜，严禁撞击和踩踏板面。

（5）各种构配件和材料应放在有围护结构的清洁、干燥的环境中。

3.6.3 工艺流程

1. 洁净彩钢板墙面施工工艺流程

清理地面→放线→安装槽铝→固定龙骨、槽铝→彩钢板安装→根据地坪分割图开料理→开槽焊接→清洁地面→打蜡抛光→成品保护

2. 洁净抗菌板墙面施工工艺流程

清理地面→放线→墙面找平→衬板安装→衬板平面放线→粘挂美洁净抗菌板→勾缝及清洁→成品保护

3.6.4 精品要点

（1）洁净围护结构的安装是在技术夹层内的各种主管安装完后，方能开始安装隔断，在装隔断之前对室内地面、墙体、空间进行一次彻底清扫，达到清洁无积尘。

（2）施工进行到需要开门窗孔洞的地方，应精确计算，在隔断装上之后完成孔洞的预留。有条件可以边施工隔断边安装成品窗。如果是预留门窗洞一定注意尺寸的准确，误差在 1mm 以内，对角误差在 3mm 内。为了保证预留门窗洞的准确性，一般裁一条等尺寸的铝合金固定在预留洞的中间，以保证尺寸的稳定不变和准确。

（3）安装隔断时务必注意，每一壁隔断必须保持平直、平整，不得有凹凸。隔断垂直度不大于 1mm，水平方向垂直度不大于 1mm。为了保证隔断的垂直和水平以及直线度，在施工中均要求逐块用 1m 以上的水平尺或可悬挂磁力重锤进行检验，光学水平仪一直检测隔断的直线度，直到该隔断完成。施工完成的隔断要做好手工板的保护工作，严防撞伤、划伤和擦伤手工板，一般在材料主要通道和走廊用纸板保护，转角处用三层板护角处理。

3.6.5 实例或示意图

实例或示意图见图3.6-1～图3.6-7。

图3.6-1 洁净彩钢板墙面

图3.6-2 洁净抗菌板墙面

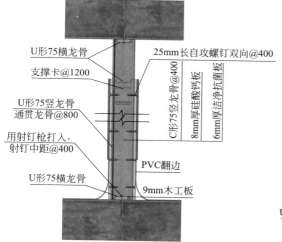

图3.6-3 轻钢龙骨洁净抗菌板断面图

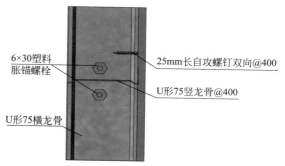

图3.6-4 墙平面节点大样图

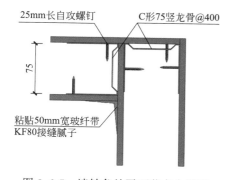

图3.6-5 墙转角处平面节点大样图

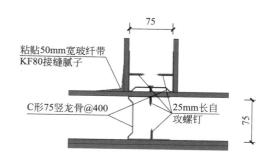

图3.6-6 横竖墙交接处节点大样图

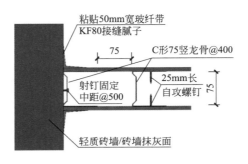

图 3.6-7 砖墙接抗抗菌节点大样图

3.7 吊顶施工（彩钢板、洁净抗菌板）

3.7.1 适用范围

适用于有净化要求的 CCU 室吊顶。

3.7.2 质量要求

（1）吊顶板采用暗吊板缝，吊顶板与大梁用 M5 自钻螺钉连接，以保证连接强度。

（2）吊顶板的整体平整度采用高度调节器调节，平整度误差≤1‰。

（3）吊顶的吊筋直径为 $\phi10mm$，吊筋间距为 1~1.2m，垂直度≤5%。

（4）顶板的安装着重要求板缝均匀，不均匀的要采取有效措施调整，不能调整的应更换彩钢板。同时，顶板板缝尽量与隔断板缝对齐。顶板安装要求平整，不平整度不大于 1mm，送回风及其他孔洞待顶板安装完毕后再测量、进行开孔。

3.7.3 工艺流程

1. 彩钢板吊顶施工工艺流程

预检顶棚内各隐蔽项目→找平放线→安装吊杆→安装主吊梁→拉线校平整→安装吊顶板→打胶密封→清洁擦拭

2. 洁净抗菌板吊顶施工工艺流程

吊顶支架安装→龙骨安装→衬板安装→衬板平面放线→粘挂美洁净抗菌板→勾缝及清洁→成品保护

3.7.4 精品要点

（1）安装前对现场进行清扫，以便就位、拼装能在洁净的环境中进行，避免对配件、材料造成污染、损坏。

（2）各种构配件和材料应存放在清洁的房间中。堆放前地面应铺放防潮膜。其上严禁堆放其他物品，并有防潮、防水、防锈、防尘措施。

（3）安装前应检查地面是否平整，其不平度不应大于 0.1%。

（4）壁板安装前必须严格放线、校准尺寸，墙角应垂直交接，防止积累误差造成壁板的倾斜扭曲。施工时，应首先进行吊杆、锚固件等的施工，以使其与主体结构、地面牢固连接。吊挂锚固件的位置应严格按设计位置设置。壁板的安装应随时校正尺寸，误差较大的应调整更换，防止不闭合、扭曲。壁板的垂直度应用 2m 托板和直尺检查，不垂直度不大于 0.2%。

（5）吊顶应按房间宽度方向起拱，以保证吊顶受力后保持平整、无塌陷。吊顶与墙体周边的交接应严密，没有大的起伏。

（6）构件和材料开箱启封应在清洁环境中进行，应严格检查其规格和完好程度，不合格或损坏的构配件严禁安装。安装过程中不得撕下壁板表面塑料保护膜，禁止撞击和踩踏板面。

（7）需要粘贴面层的材料、嵌填密封胶的表面和沟槽应铲除杂质，清洗擦拭干净。防止面层材料虚贴起拱，大面积的铺贴时宜用洗涤剂洗涤，确保施工质量。接缝应按说明书或设计要求进行处理，安装缝隙均应用密封胶密封。

（8）嵌于墙、地面内的凹槽应先用无齿锯切割，再行剔除，以免损坏墙面、地面。

3.7.5　实例或示意图

实例或示意图见图 3.7-1～图 3.7-6。

图 3.7-1　彩钢板吊顶实例图

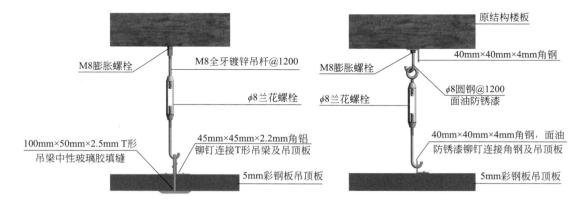

图 3.7-2　彩钢板吊顶

图 3.7-3　洁净抗菌板吊顶

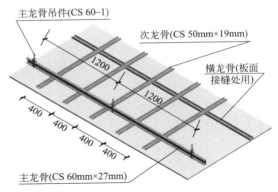

图 3.7-4　洁净抗菌板吊顶示例图

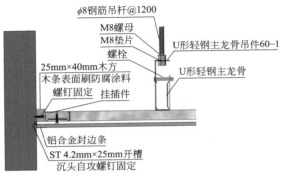

图 3.7-5　洁净抗菌板吊顶大样图一

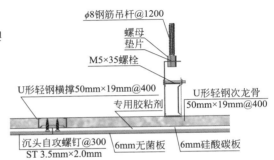

图 3.7-6　洁净抗菌板吊顶大样图二

3.8　空调水系统

3.8.1　适用范围

适用于 CCU 室的精密空调水系统。

3.8.2　质量要求

（1）镀锌钢管及带有防腐涂层的钢管不得采用焊接连接，应采用螺纹连接。当管径大于 $DN100$ 时，可采用卡箍或法兰连接。

（2）金属管道的焊接施工，企业应具有相应的焊接工艺评定，施焊人员应持有相应类别焊接的技能证明。

（3）空调用蒸汽管道工程施工质量的验收应符合现行国家标准《建筑给水排水及采暖工程施工质量验收规范》GB 50242 的有关规定。温度高于 100℃的热水系统应按国家有关压力管道工程施工的规定执行。

（4）当空调水系统采用塑料管道时，施工质量的验收应按国家现行标准的规定执行。

3.8.3 工艺流程洗

1. 冷冻水管施工工艺流程

安装准备→预留预埋→支架安装→管道预制→干管安装→立管安装→管道试压→支管安装→管道试压→管道防腐保温→管道冲洗

2. 冷却水管施工工艺流程

安装准备→预留预埋→支架安装→管道预制→干管安装→立管安装→管道试压→支管安装→管道试压→管道防腐保温→管道冲洗

3. 冷凝水管施工工艺流程

安装准备→预留预埋→支架安装→管道预制→干管安装→立管安装→管道试压→支管安装→管道试压→管道防腐保温→管道冲洗

3.8.4 精品要点

（1）隐蔽安装部位的管道安装完成后，应进行水压试验，合格后方能交付隐蔽工程的施工。

（2）并联水泵的出口管道进入总管应采用顺水流斜向插接的连接形式，夹角不应大于60°。

（3）系统管道与设备的连接应在设备安装完毕后进行。管道与水泵、制冷机组的接口应为柔性接管，且不得强行对口连接，与其连接的管道应设置独立支架。

（4）判定空调水系统管路冲洗、排污合格的条件是目测排出口的水色和透明度与入口的水对比应相近，且无可见杂物。当系统继续运行2h以上，水质保持稳定后，方可与设备贯通。

（5）固定在建筑结构上的管道支、吊架，不得影响结构体的安全。管道穿越墙体或楼板处应设钢制套管，管道接口不得置于套管内，钢制套管应与墙体饰面或楼板底部平齐，上部应高出楼层地面20～50mm，且不得将套管作为管道支撑。当穿越防火分区时，应采用不燃材料进行防火封堵；保温管道与套管四周的缝隙应使用不燃绝热材料填塞紧密。

3.8.5 实例或示意图

实例或示意图见图3.8-1～图3.8-4。

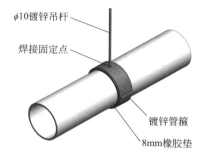

图3.8-1 冷凝水管吊装大样图大样图

图3.8-2 空调机房设备管道安装详图

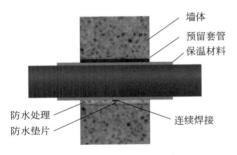

图 3.8-3　水管穿外墙详图

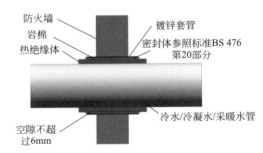

图 3.8-4　冷水、冷凝水、采暖水管穿越防火墙安装详图

3.9　强电系统

3.9.1　适用范围

适用于 CCU 室的强电系统。

3.9.2　质量要求

（1）金属导管布线可适用于室内外场所，但不应用于对金属导管有严重腐蚀的场所。

（2）明敷于潮湿场所或埋于素土内的金属导管，应采用管壁厚度不小于 2.0mm 的钢导管，并采取防腐措施。明敷或暗敷于干燥场所的金属导管宜采用管壁厚度不小于 1.5mm 的镀锌钢导管。

（3）穿金属导管的绝缘电线（两根除外），其总截面积（包括外护层）不应超过导管内截面积的 40%。

（4）除下列情况外，不同回路的线路不宜穿于同一根金属导管内：

①标称电压为 50V 及以下的回路。

②同一用电设备或同一联动系统设备的主回路和无电磁兼容要求的控制回路。

③同一照明灯具的若干个回路。

（5）当金属导管与热水管、蒸汽管同侧敷设时，宜敷设在热水管、蒸汽管的下方；当有困难时，可敷设在其上方。相互间的净距宜符合下列规定：

①当金属导管平行敷设在热水管下方时，净距不宜小于 200mm；当金属导管平行敷设在热水管上方时，净距不宜小于 300mm；交叉敷设时，净距不宜小于 100mm。

②当电线管路敷设在蒸汽管下方时，净距不宜小于 500mm；当电线管路敷设在蒸汽管上方时，净距不宜小于 1000mm；交叉敷设时，净距不宜小于 300mm。

③当不能符合上述要求时，应采取隔热措施；当蒸汽管有保温措施时，金属导管与蒸汽管间的净距可减至 200mm。

④金属导管与其他管道（不包括可燃气体及易燃、可燃液体管道）的平行净距不应小于 100mm；交叉净距不应小于 50mm。

（6）当金属导管布线的管路较长或转弯较多时，宜加装拉线盒（箱），也可加大管径。

（7）金属导管暗敷布线时，应符合下列规定：

①不应穿过设备基础。

②当穿过建筑物基础时，应加防水套管保护。

③当穿过建筑物变形缝时，应设补偿装置。

（8）绝缘电线穿金属导管在室外埋地敷设时，应采用壁厚不小于 2.0mm 的热镀锌钢导管，并采取防水、防腐蚀措施，引出地（楼）面的管路应采取防止机械损伤的措施。

（9）可弯曲金属导管布线可适用于室内外场所。室内布线可在顶棚内、楼板内或墙体内敷设。在室外布线时可采用明敷或直埋。

①明敷于室内外场所时，宜采用中型可弯曲金属导管。

②暗敷于墙体、混凝土地面、楼板垫层或现浇钢筋混凝土楼板内时，应采用重型可弯曲金属导管。

③暗埋于室外地下或室内潮湿场所时，应采用重型防水可弯曲金属导管。

（10）可弯曲金属导管布线，其管内配线应符合相关标准的规定。

（11）可弯曲金属导管布线，其管路与热水管、蒸汽管或其他管路的敷设要求与平行、交叉距离，应符合相关标准的规定。

（12）当可弯曲金属导管布线的线路较长或转弯较多时，宜加装拉线盒（箱），也可加大管径。

（13）对可弯曲金属导管有可能承受重物压力或明显机械冲击的部位，应采取保护措施。

（14）可弯曲金属导管布线，其金属外壳应可靠接地。

（15）暗敷于地下的可弯曲金属导管的管路不应穿过设备基础。当穿过建筑物基础时，应加保护管保护；当穿过建筑物变形缝时，应设补偿装置。

（16）可弯曲金属导管之间及其与盒、箱或钢导管连接时，应采用专用附件。

3.9.3 工艺流程

准备工作→选择导线→穿带线→扫管→放线及断线→导线与带线的绑扎→带护口→导线连接→导线焊接→线路检查绝缘摇测

3.9.4 精品要点

（1）支吊架应布置合理，固定牢固、平整。

（2）钢管（电线管）在穿线前，应首先检查各个管口的护口是否齐整，如有遗漏和破损，应补齐和更换。

（3）电气设备的规格、型号及使用场必须符合设计要求和施工规范的规定。

（4）低于 2.4m 以下的电气设备的金属外壳部分应做好接地或接零保护。

（5）电气设备安装牢固端正，位置正确，设备安装在木台的中心。器具清洁干净，吊杆垂直。

（6）导线进入电气设备的绝缘保护良好，留有适当余量。连接牢固紧密，不伤线芯。压板连接时压紧无松动，螺栓连接时，在同一端子上导线不超过两根。

（7）线管的走向宜沿最近线路敷设，减少弯曲，穿过混凝土墙面或楼板时须采用厚壁管，内外刷防锈漆。

（8）线管敷设时，超过下列长度应加装接线盒，以便施工和维修：

无弯曲超过 30m，超过 20m 有一个弯，超过 12m 有两个弯，超过 8m 有三个弯。

（9）丝扣连接管端长度，不少于管接头长度的 1/2，在管接头两端必须焊跨接线。

（10）厚钢管采用跨管连接时，跨管长度为管径的 1.5～2 倍，管口应同心，焊口应牢固严密，薄壁管应采用丝扣连接；钢管穿过沉降缝，要放补偿装置；伸缩接线和穿过设备基础，必须加跨管保护。

（11）吊杆之间的距离应符合规范规定。

（12）穿线前，导管内应打扫干净，导管内不能有接头。

（13）导管敷设前进行数量、规格、尺寸、型号检查后，测试绝缘电阻，先集中后分散，先长后短，综合考虑，避免不必要的浪费。

（14）各种设备都应按施工图及国标规定。

3.9.5 实例或示意图

实例图见图 3.9-1～图 3.9-6。

图 3.9-1 线槽安装

图 3.9-2 KBG 管安装

图 3.9-3 配电箱安装

图 3.9-4 灯具安装

图 3.9-5 SG 焊接钢管安装

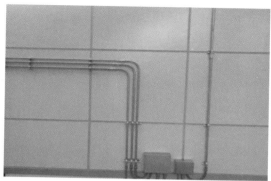

图 3.9-6 JDG 钢管安装

3.10 弱电系统

3.10.1 适用范围

适用于 CCU 室的弱电系统。

3.10.2 质量要求

（1）缆线的敷设应符合下列规定：

①缆线的型式、规格应与设计规定相符。

②缆线在各种环境中的敷设方式、布放间距均应符合设计要求。

③缆线的布放应自然平直，不得产生扭绞、打圈等现象，不应受外力的挤压产生损伤。

④缆线的布放路由中不得出现缆线接头。

⑤缆线两端应贴有标签，应标明编号，标签书写应清晰、端正和正确。标签应选用不易损坏的材料。

（2）缆线应有余量以适应成端、终接、检测和变更，有特殊要求的应按设计要求预留长度，并应符合下列规定：

①对绞电缆在终接处，预留长度在工作区信息插座底盒内宜为 30～60mm，电信间宜为 0.5～2.0m，设备间宜为 3～5m。

②光缆布放路由宜盘留，预留长度宜为 3～5m。光缆在配线柜处预留长度应为 3～5m，楼层配线箱处光纤预留长度应为 1.0～1.5m，配线箱终接时预留长度不应小于 0.5m，光缆纤芯在配线模块处不做终接时，应保留光缆施工预留长度。

（3）缆线的弯曲半径应符合下列规定：

①非屏蔽和屏蔽 4 对对绞电缆的弯曲半径不应小于电缆外径的 4 倍。

②主干对绞电缆的弯曲半径不应小于电缆外径的 10 倍。

③2 芯或 4 芯水平光缆的弯曲半径应大于 25mm；其他芯数的水平光缆、主干光缆和室外光缆的弯曲半径不应小于光缆外径的 10 倍。

（4）采用预埋槽盒和暗管敷设缆线应符合下列规定：

①槽盒和暗管的两端宜用标识表示编号等内容。

②预埋槽盒宜采用金属槽盒，截面利用率应为 30％～50％。

③暗管宜采用钢管或阻燃聚氯乙烯导管。布放大对数主干电缆及 4 芯以上光缆时，直线管道的管径利用率应为 50％～60％，弯导管应为 40％～50％。布放 4 对对绞电缆或 4 芯及以下光缆时，管道的截面利用率应为 25％～30％。

④对金属材质有严重腐蚀的场所，不宜采用金属的导管、桥架布线。

⑤在建筑物吊顶内应采用金属导管、槽盒布线。

⑥导管、桥架跨越建筑物变形缝处，应设补偿装置。

（5）设置缆线桥架敷设缆线应符合下列规定：

①密封槽盒内缆线布放应顺直，不宜交叉，在缆线进出槽盒部位、转弯处应绑扎固定。

②梯架或托盘内垂直敷设缆线时，在缆线的上端和每间隔 1.5m 处应固定在梯架或托盘的支架上，水平敷设时，在缆线的首、尾、转弯及每间隔 5～10m 处应进行固定。

③在水平、垂直梯架或托盘中敷设缆线时，应对缆线进行绑扎。对绞电缆、光缆及其他信号电缆应根据缆线的类别、数量、缆径、缆线芯数分束绑扎。绑扎间距不宜大于 1.5m，间距应均匀，不宜绑扎过紧或使缆线受到挤压。

④室内光缆在梯架或托盘中敞开敷设时，应在绑扎固定段加装垫套。

（6）采用吊顶支撑柱（垂直槽盒）在顶棚内敷设缆线时，每根支撑柱所辖范围内的缆线可不设置密封槽盒进行布放，但应分束绑扎，缆线应阻燃，缆线选用应符合设计文件要求。

（7）建筑群子系统采用架空、管道、电缆沟、电缆隧道、直埋、墙壁及暗管等方式敷设缆线的，施工质量检查和验收应符合现行行业标准《通信线路工程验收规范》YD 5121 的有关规定。

（8）建筑物内弱电配线管网设计应与其他专业协调配合，应选择距离较短、安全和经济合理的路由。

（9）建筑室内正常环境下，弱电配线管网中线缆暗敷设时，可选用穿金属导管、可弯曲金属导管、燃烧性能 B1 级且中等机械应力的刚性塑料导管；明敷设时，可选用金属导管、可弯曲金属导管或金属槽盒保护。

（10）弱电线缆穿金属导管、可弯曲金属导管暗敷设时，应符合下列规定：

①导管在墙体、楼板内暗敷时，其保护层厚度不应小于 15mm，消防导管除外。

②导管在地下室各层、首层底板、屋面板、出屋面的墙体和潮湿场所暗敷及直埋于素土时，应采用管壁厚度不小于 2.0mm 的热镀锌钢导管，或采用重型防水可弯曲金属导管。

③导管在屋内二层底板及以上各层钢筋混凝土楼板、墙体内暗敷设时，可采用管壁厚度不小于 1.5mm 的热镀锌钢导管，或采用不低于中型可弯曲金属导管。

④导管在墙体内暗敷设时，其导管外径不宜大于墙体厚度的 1/3。

⑤导管暗敷设时，不应穿越非弱电设备类的基础。

（11）弱电线缆穿金属导管、可弯曲金属导管或在金属槽盒内明敷设时，应符合下列规定：

①导管在地下室或潮湿场所明敷设时，应采用管壁厚度不小于 2.0mm 的热镀锌钢导管或采用防水型中型可弯曲金属导管。

②导管在建筑物闷顶中和在一层及以上楼板下顶棚内明敷设时，应采用壁厚不小于 1.5mm 的热镀锌钢导管或轻型可弯曲金属导管。

③槽盒可在楼板下顶棚内或梁下水平吊装，或采用托臂式支架安装。

④槽盒明敷设时，经过横梁、侧墙或其他障碍物处的间距宜不小于 100mm。

⑤槽盒不宜与热水管、蒸汽管、给水管和消防压力水管同侧敷设；当在同侧敷设时，应在强电管道最下方且采取保护措施。

（12）楼层金属导管在直线段或弯曲段暗敷或明敷设时，应符合下列规定：

①导管直线段敷设时，应在导管长度不大于 30m 处加装过路盒（箱）。

②导管弯曲敷设时，其管道间的夹角不得小于 90°。

③导管 L 形弯曲敷设时，其导管长度超过 20m 时，其弯曲点处应加装过路盒（箱）。

④导管 U 形弯曲敷设时，其弯曲点应靠近导管的两端，且中间直线导管长度应小于 15m。

⑤导管 S 形弯曲敷设时，其弯曲点处应加装过路盒（箱）。

⑥导管弯曲半径不得小于该管外径的 10 倍；当敷设导管外径不大于 25mm 时，其导管弯曲半径不得小于该管外径的 6 倍。

（13）弱电线缆穿导管或在槽盒敷设时，其截面积利用率应符合下列规定：

①单根 25 对及以上的大对数对绞电缆、12 芯及以上光缆或单根其他弱电主干线缆，当在 1 根直线导管内敷设时，其管径利用率不宜大于 50％；当在 1 根弯曲段导管内敷设时，其管径利用率不宜大于 40％。

②同一根导管内敷设多根 4 对对绞电缆或多根 4 芯及以下配线光缆或多根其他弱电线缆时，其管径截面积利用率不应大于 30％。

③同一根槽盒内可同时敷设多根电缆或光缆，其电缆槽盒截面积利用率不应大于 50％。

（14）弱电配线管网在有酸碱腐蚀介质的环境场所敷设时，应符合下列规定：

①线缆室内暗敷或明敷设时，宜穿钢塑复合型导管或在耐腐槽盒内敷设；在非高温或非易机械损伤的场所，可穿燃烧性能 B1 级且中等机械应力的塑料导管或在塑料槽盒内敷设。

②线缆室外埋地敷设时，宜穿钢塑复合管、热浸塑钢导管或中型机械应力及以上的塑料导管；采用塑料导管时，应采取防止机械损伤的措施。

③塑料导管和塑料槽盒不宜与热水管、蒸汽管同侧敷设。

（15）楼层槽盒及导管与弱电箱、接线盒设施之间暗敷或明敷时，应符合下列规定：

①楼层水平槽盒引出至每个用户单元信息配线箱、过路箱或终端出线盒的导管，宜采用一根或多根外径为 20～25mm 的导管。

②楼层每个用户单元信息配线箱至本单元内弱电终端出线盒的导管不宜穿越非本单元的房间。

3.10.3 工艺流程

器材检验→管线敷设→盒箱稳住→设备安装→线缆敷设→线缆终端安装→系统调试→竣工核验

3.10.4 精品要点

(1) 在建筑物中预埋线槽，可根据其尺寸不同，按一层或二层设置，应至少预埋两根以上，线槽截面高度不宜超过 25mm。

(2) 线槽直埋长度超过 6m 或在线槽路由交叉、转弯时，宜设置拉线盒，以便于布放缆线和维修。

(3) 拉线盒应能开启，并与地面齐平，盒盖处应采取防水措施。

(4) 机架安装完毕后，水平、垂直度应符合厂家规定。如无厂家规定时，垂直度偏差不应大于 3mm。

(5) 机架上的各种零件不得脱落或碰坏。漆面如有脱落应予以补漆，各种标识完整清晰。

(6) 机架的安装应牢固，应按设计图的防震要求进行加固。安装机架面板、架前应留有 1.5m 空间，机架背面与墙间距离应大于 0.8m，以便于安装和施工。

(7) 桥架水平敷设时，吊（支）架间距一般为 1.5～3m，垂直敷设时固定在建（构）筑物上的间距宜小于 2m。

(8) 桥架及槽道水平度每米偏差不应超过 50mm。

(9) 桥架及槽道水平度过每米偏差不应超过 2mm。

(10) 垂直桥架及槽道应与地面保持垂直，并无倾斜现象，垂直度偏差不应超过 3mm。

(11) 两槽道拼接处水平度偏差不应超过 2mm。

(12) 吊（支）架安装应保持垂直平整，排列整齐，固定牢固，无歪斜现象。

(13) 金属桥架及槽道节与节间应接触良好、安装牢固。

3.10.5 实例或示意图

实例图见图 3.10-1。

图 3.10-1 综合布线现场图

3.11　给水排水系统施工

3.11.1　适用范围

适用于 CCU 室的给水排水系统。

3.11.2　质量要求

（1）管道穿越墙板时设置套管，并在套管内用软性填料填实。对于卫生间内的钢套管，钢套管下端与楼板平，上端高出地坪 5cm，在套管与给水塑料管壁间的间隙内用防水油膏嵌实。

（2）安装时下料尺寸应严格控制，特别是支管，要根据卫生洁具型号确定甩口中心位置、墙距，与土建明确贴瓷砖厚度，并要求土建在卫生间周边弹出地坪水平线，在预留孔上吊出管道安装中心线，测量计算出下料尺寸，并进行预制组装。

（3）立管每隔一层设检查口，每层设置伸缩器，顶部与透气帽连接。

（4）透气帽在土建屋面施工完后安装，保证安装高度为 1.8m。

（5）水管施工过程中应对留口、留头用水泥砂浆封堵，避免杂物掉入。

（6）排水塑料管穿楼板设阻火圈，排水塑料立管每层设置伸缩节；横支管上合流配件至立管的直线管段超过 2m 时，设置伸缩节。伸缩节之间的最大间距不得超过 4m。

（7）排水塑料管立管上伸缩节设置位置靠近水流汇合配件，立管穿越楼板处为固定支承时，伸缩节不得固定，伸缩节承口应逆水流方向。

3.11.3　工艺流程

1. 给水系统工艺流程

准备工作→管道放线→支架预制→管道安装→水压试验→冲洗排污→洁具安装→调试验收

2. 排水系统工艺流程

准备工作→测量放线→下料→支架预制→钻孔安装→校正→固定→调试验收

3.11.4　精品要点

（1）给水排水干、立管应暗装，并采取防结露措施。支管也不宜明装。排水管弯头选用带检查口弯头。

（2）穿墙及穿楼板的管道必须做套管，套管内的管段不应有接头。管道施工完毕后，管外壁与套管间隙需用水泥砂浆填实，以满足防水要求。

（3）在较长的热水管道适当位置设置伸缩器。

（4）室内给水管道未特别说明均要求暗装。暗装阀门和排水检查口处，必须设检修门，检修门必须严密；地漏安装应低于装修后地面标高 5mm。

（5）给水管与卫生器具及设备的连接应有空气隔断或倒流防止器，不应直接相连。

（6）洗手池下地漏必须设置高位 U 形水封。

（7）CCU 室内的排水设备，必须在排水口的下部设置高度大于 50mm 的水封装置，并应有防止水封被破坏的措施。

（8）CCU 室应选用不易积存污物、易于清扫的卫生器具、管材、管架及附件。

（9）CCU 室内与设备连接的排水管，当采用螺纹连接时，采用聚四氯乙烯胶带填料，不得使用铅油、麻丝等填料。

（10）给水干管均贴梁、靠墙安装。排水管坡度按标准标注；洗手池下的排水管方向可根据实际情况调整。

（11）给水排水管道的强度试验、气密性试验、排水管道的灌水试验及系统的通水试验应按国家有关规范进行。

（12）生活冷、热水管上下安装时，热水管应在冷水管上面；冷、热水龙头安装时，应按"热左冷右"的规则安装。

（13）管道固定及支架设置说明详见相关图集。

（14）管道施工完毕后，给水管要进行水压试验、通水冲洗及消毒，冷水给水管试验压力为 1.0MPa，热水给水管试验压力为 1.50MPa。

3.11.5 实例或示意图

示意图见图 3.11-1、图 3.11-2。

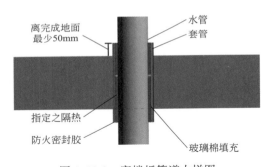

图 3.11-1 穿楼板管道大样图

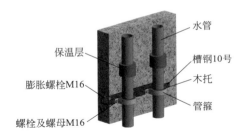

图 3.11-2 垂直管道支架详图

3.12 医疗气体施工

3.12.1 适用范围

适用于 CCU 室的医疗气体系统。

3.12.2 质量要求

（1）所有压缩医用气体管材、组成件进入工地前均应已脱脂，不锈钢管材、组成件应经酸洗钝化、清洗干净并封装完毕。未脱脂的管材、附件及组成件应作明确的区分标记，并应采取防止与已脱脂管材混淆的措施。

（2）医用气体管材切割加工应符合下列规定：

①管材应使用机械方法或等离子切割下料，不应使用冲模扩孔，也不应使用高温火焰切割或打孔。

②管材的切口应与管轴线垂直，端面倾斜偏差不得大于管道外径的1%，且不应超过1mm；切口表面应处理平整，并应无裂纹、毛刺、凸凹、缩口等缺陷。

③管材的坡口加工宜采用机械方法。坡口及其内外表面应进行清理。

④管材下料时严禁使用油脂或润滑剂。

（3）医用气体管材现场弯曲加工应符合下列规定：

①应在冷状态下采用机械方法加工，不应采用加热方式制作。

②弯管不得有裂纹、折皱、分层等缺陷；弯管任一截面上的最大外径与最小外径差与管材名义外径比较时，用于高压的弯管不应超过5%，用于中低压的弯管不应超过8%。

③高压管材弯曲半径不应小于管外径的5倍，其余管材弯曲半径不应小于管外径的3倍。

（4）管道组成件的预制应符合现行国家标准《工业金属管道工程施工规范》GB 50235的有关规定。

（5）医用气体铜管道之间、管道与附件之间的焊接连接均应为硬钎焊，并应符合下列规定：

①铜钎焊施工前应经过焊接质量工艺评定及人员培训。

②直管段、分支管道焊接均应使用管件承插焊接；承插深度与间隙应符合现行国家标准《铜管接头 第1部分：钎焊式管件》GB/T 11618.1的有关规定。

③铜管焊接使用的钎料应符合现行国家标准《铜基钎料》GB/T 6418和《银钎料》GB/T 10046的有关规定，并宜使用含银钎料。

④现场焊接的铜阀门，其两端应包含预制连接短管。

⑤铜波纹膨胀节安装时，其直管长度不得小于100mm，允许偏差为10mm。

（6）不锈钢管道及附件的现场焊接应采用氩弧焊或等离子焊，并应符合下列规定：

①不锈钢管道分支连接时应使用管件焊接。承插焊接时承插深度不应小于管壁厚的4倍。

②管道对接焊口的组对内壁应齐平，错边量不得超过壁厚的20%。除设计要求的管道预拉伸或压缩焊口外不得强行组对。

③焊接后的不锈钢管焊缝外表面应进行酸洗钝化。

（7）不锈钢管道焊缝质量应符合下列规定：

①不锈钢管焊缝不应有气孔、钨极杂质、夹渣、缩孔、咬边；凹陷不应超过0.2mm，凸出不应超过1mm；焊缝反面应允许有少量焊漏，但应保证管道流通面积。

②不锈钢管对焊焊缝加强高度不应小于0.1mm，角焊焊缝的焊角尺寸应为3~6mm，承插焊接焊缝高度应与外管表面齐平或高出外管1mm。

③直径大于20mm的管道对接焊缝应焊透，直径不超过20mm的管道对接焊缝和角焊缝未焊透深度不得大于材料厚度的40%。

（8）医用气体管道焊缝位置应符合下列规定：

①直管段上两条焊缝的中心距离不应小于管材外径的1.5倍。

②焊缝与弯管起点的距离不得小于管材外径，且不宜小于100mm。

③环焊缝距支吊架净距不应小于 50mm。

④不应在管道焊缝及其边缘上开孔。

（9）医用气体管道与经过防火或缓燃处理的木材接触时，应防止管道腐蚀；当采用非金属材料隔离时，应防止隔离物收缩时脱落。

（10）医用气体管道支吊架的材料应有足够的强度与刚度，现场制作的支架应除锈并涂两道以上防锈漆。医用气体管道与支架间应有绝缘隔离措施。

（11）医用气体阀门安装时应核对型号及介质流向标记。公称直径大于 80mm 的医用气体管道阀门宜设置专用支架。

（12）医用气体管道的接地或跨接导线应有与管道相同材料的金属板与管道进行连接过渡。

（13）医用气体管道焊接完成后应采取保护措施，防止脏物污染，并应保持到全系统调试完成。

3.12.3　工艺流程

焊前准备→管道脱脂→干管安装→立管安装→支管安装→管道探伤扎→管道吹扫及试压→系统验收

3.12.4　精品要点

（1）敷设压缩医用气体管道的场所，其环境温度应始终高于管道内气体的露点温度 5℃以上，因寒冷气候可能使医用气体析出凝结水的管道部分应采取保温措施。医用真空管道坡度不得小于 0.002。

（2）建筑物内的医用气体管道宜敷设在专用管井内，且不应与可燃、腐蚀性的气体或液体、蒸汽、电气、空调风管等共用管井。

（3）医用气体管道穿墙、楼板以及建筑物基础时，应设套管，穿楼板的套管应高出地板面至少 50mm。且套管内医用气体管道不得有焊缝，套管与医用气体管道之间应采用不燃材料填实。

（4）医疗房间内的医用气体管道应作等电位接地；医用气体的汇流排、切换装置、各减压出口、安全放散口和输送管道，均应作防静电接地；医用气体管道接地间距不应超过 80m，且不应少于一处，室外埋地医用气体管道两端应有接地点；除采用等电位接地外宜为独立接地，其接地电阻不应大于 10Ω。

（5）医用气体输送管道的安装支架应采用不燃烧材料制作并经防腐处理，管道与支吊架的接触处应作绝缘处理。

（6）架空敷设的医用气体管道，水平直管道支吊架的最大间距应符合相关规定；垂直管道限位移支架的间距应为规定数据的 1.2～1.5 倍，每层楼板处应设置一处。

（7）架空敷设的医用气体管道之间的距离应符合下列规定：

①医用气体管道之间、管道与附件外缘之间的距离，不应小于 25mm，且应满足维护要求。

②医用气体管道与其他管道之间的最小间距应符合相关规定。无法满足时应采取适当隔离措施。

（8）埋地敷设的医用气体管道与建筑物、构筑物等及其地下管线之间的最小间距，均应符合现行国家标准《氧气站设计规范》GB 50030 有关地下敷设氧气管道的间距规定。

（9）埋地或地沟内的医用气体管道不得采用法兰或螺纹连接，并应作加强绝缘防腐处理。

（10）埋地敷设的医用气体管道深度不应小于当地冻土层厚度，且管顶距地面不宜小于 0.7m。当埋地管道穿越道路或其他情况时，应加设防护套管。

（11）医用气体阀门的设置应符合下列规定：

①生命支持区域的每间手术室、麻醉诱导和复苏室，以及每个重症监护区域外的每种医用气体管道上，应设置区域阀门。

②医用气体主干管道上不得采用电动或气动阀门，大于 DN25 的医用氧气管道阀门不得采用快开阀门；除区域阀门外的所有阀门，应设置在专门管理区域或采用带锁柄的阀门。

③医用气体管道系统预留端应设置阀门并封堵管道末端。

（12）医用气体区域阀门的设置应符合下列规定：

①区域阀门与其控制的医用气体末端设施应在同一楼层，并应有防火墙或防火隔断隔离。

②区域阀门使用侧宜设置压力表且安装在带保护的阀门箱内，并应能满足紧急情况下操作阀门需要。

（13）医用氧气管道不应使用折皱弯头。

（14）医用真空除污罐应设置在医用真空管段的最低点或缓冲罐入口侧，并应有旁路或备用。

（15）除牙科的湿式系统外，医用气体细菌过滤器不应设置在真空泵排气端。

（16）医用气体管道在安装终端组件之前应使用干燥、无油的空气或氮气吹扫，在安装终端组件之后除真空管道外应进行颗粒物检测，并应符合下列规定：

吹扫或检测的压力不得超过设备和管道的设计压力，应从距离区域阀最近的终端插座开始直至该区域内最远的终端。

3.12.5 实例或示意图

实例或示意图见图 3.12-1、图 3.12-2。

图 3.12-1 设备带

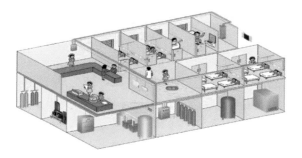

图 3.12-2 医用气体示意图

3.13 净化施工

3.13.1 适用范围

适用于CCU室的净化空调系统。

3.13.2 质量要求

（1）风管制作用料应按照设计要求选用，当设计无要求时，应采用镀锌钢板，且镀锌层厚度不应小于 $100g/m^2$。

（2）用中性洗洁剂清洗镀锌板面油膜与污物，制作完毕再清洗油污物。干燥后检查质量，达到要求后用塑料膜及胶带封口，防止污物入内。

（3）制作风管尽量少拼接，矩形风管底边宽在900mm以内不应有接缝，900mm以上尽量减少纵向接缝，不得有横向接缝。

（4）风管法兰用螺栓、螺母、铆钉均采用镀锌件，不得用抽芯铆钉。

（5）在咬口缝、铆钉缝、法兰翻边四角缝隙涂密封胶，风管加固框，加固筋不得在内管内。

（6）法兰铆钉孔距不大于100mm，螺栓孔距不大于120mm。

3.13.3 工艺流程

1. 风管制作工艺流程

卷板校正→剪板下料→压筋加固→咬口成型→组合法兰成型→连接卡成型→管及安装法兰转角成型→风管加固→风管清洗→风管密封

2. 风管安装工艺流程

现场定测放线→安装风管吊架→风管连接→分段漏光检查→风管吊装→漏风检测

3. 管道防腐与绝热工艺流程

领料→下料→涂抹胶水→覆盖保温材料→检查

4. 配件及末端设备安装工艺流程

洞口处理→风口拆包、检查→运送至安装点→设备与风管链接→设备固定→设备测试

3.13.4 精品要点

（1）加工风管及管件不得有横向拼接缝，尽量减少纵向拼接缝。矩形风管底边宽度等于或小于900mm时，其底边不得有拼接缝，风管咬口缝必须涂抹密封胶；咬口不可开裂与半咬口，铆法兰不能有偏铆及铆钉松动脱落现象，三通、四通、弯头及风管上装的风口连接处不能有透光孔洞，法兰口要求方正，法兰翻边纵向接缝处不得双层。

（2）风管法兰的焊缝应熔合良好、饱满，无假焊和孔洞；法兰平面度的允许偏差为2mm，同一规格法兰的螺孔排列一致，并具有互换性。

（3）风管咬接口处必须涂密封胶。

（4）风管内表面必须光滑平整，不得在风管内设加固框及其他凸出物，加固方法一般

是在风管外面铆角钢柜，角钢规格与法兰相同，铆钉周围应涂密封胶密封以防漏气产尘，风管大边大于或等于800mm，其管段在1.2m以上均要加固。

（5）风管法兰密封垫采用弹性好、不透气、不产尘材料，如闭孔海绵橡胶板，厚度不小于5mm，密封垫应尽量减少接头，如有接头应采用企口或阶梯结构，密封垫与法兰应采用可靠胶粘，不得隆起、脱胶，其边应与风管内壁平齐。

（6）风管法兰螺栓应均匀紧固并作镀锌处理，螺栓间距离应≤100mm。

（7）风管部件如阀门、消声器、风口应清除油污。检查紧固件、传动件是否松动脱落，启闭是否正常，并要正确确定气流方向。

（8）柔性短管应选用柔性良好、表面光滑的人造革等，不产尘、不透气材料制作，接缝处应严密无泄漏，其长度应≤250mm。

（9）管道施工中要与土建密切配合，做好预埋过墙套管，安装原则是先地下后地上、先装支吊架后装管道、先大管后小管、支管避让主管。

（10）风管的吊架间距、防冷桥措施、安装斜度、测量孔设置、防腐保温处理等均应严格按国家有关规范实施。

3.13.5　实例或示意图

实例或示意图见图3.13-1～图3.13-7。

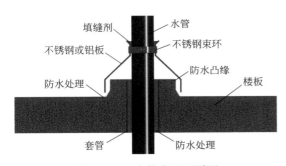

图3.13-1　水管穿屋面详图

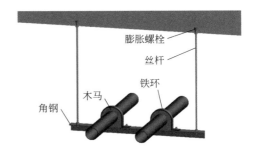

图3.13-2　室内管道支架大样图

图3.13-3　风管制作

图3.13-4　风管安装

图 3.13-5　高效过滤器安装

图 3.13-6　高效过滤器检测

图 3.13-7　风阀安装

第4章

医院功能用房——加速室

4.1 一般规定

4.1.1 墙体

（1）加速室墙面采用铅板做防辐射处理，墙面和吊顶连接采用直角连接并加入阴角线条，在铅板面层设置龙骨并铺设墙体装饰面层面板。

（2）防辐射房间墙面、吊顶采用防辐射铅板作防护处理。

4.1.2 地面

（1）加速室地面面层表面光洁，色泽均匀一致，不应有起泡、起皮、泛砂等现象。

（2）加速室地面表面不应有开裂、空鼓、漏涂等现象。

（3）加速室地面的厚度、颜色应符合设计要求，铺设时应分层施工。

（4）建筑涂饰工程涂饰前，应对基层进行检验，合格后，方可进行涂饰施工。

（5）加速室地面应防滑、防潮、防火、防霉耐磨、易清洗。

4.1.3 吊顶

（1）吊顶工程的施工应符合设计要求，不得擅自改动建筑承重结构或主要使用功能。

（2）吊顶工程的锚固件、吊杆与吊件的连接以及龙骨与吊杆、龙骨与饰面材料的连接应安全可靠，满足设计要求。

（3）防辐射加速室吊顶采用防辐射板作为铅防护处理，在铅板面层铺设装饰板面板层。

（4）吊顶表面平整、洁净美观、色泽一致，无翘曲、凹坑、划痕。

（5）铅板相邻板板缝顺直、相互搭接宽度一致。

（6）吊顶应具有防锈、防火、隔声、保温和环保的功能。

4.1.4 门窗

（1）防辐射门的安装应牢固，密闭性能满足设计和医院防辐射要求。预埋件及锚固件的数量、位置、埋设方式、与框的连接方式应符合设计要求。

（2）自动防辐射门切断电源后，应能手动开启，开启力和检验方法应符合要求。

（3）加速室的门窗采用防辐射铅防护门，玻璃采用防辐射铅玻璃，门框和窗框与墙体连接应达到无缝隙密封。

4.1.5　电源

（1）应有双相供电设施，以保证安全运转，各加速室间应有足够的电插座，便于各种仪器设备的供电，插座应有防火花装置，地面有导电设备，以防火花引起爆炸，电插座应加盖密封，防止进水。

（2）普通照明灯应安装在墙壁或房顶，照明灯的灯头至少高出地面2m，所有固定在顶棚上的设施均应合理安置，保证在功能上互不妨碍，顶棚应足够牢固，各种照明灯的控制开关应单独设置，以便根据使用要求单独控制。

（3）加速室应建立完善的通风过滤除菌装置，使空气净化，其通风方式有湍流式、层流式、垂直式，可酌情选用，温度调节非常重要，应有冷暖气调节设备，空调机应设在上层屋顶内，室温保持在24～26℃，相对湿度以50％左右为宜。

4.2　规范要求

4.2.1　《建筑地面工程施工质量验收规范》GB 50209—2010

5.9.5
涂料进入施工现场时，应有苯、甲苯十二甲苯、挥发性有机化合物（VOC）和游离甲二异氰醛酯（TDI）限量合格的检测报告。

4.2.2　《建筑涂饰工程施工及验收规程》JGJ/T 29—2015

7.0.1　涂饰工程施工应按"基层处理、底涂层、中涂层、面涂层"的顺序进行。
7.0.4　辊涂和刷涂时，应充分盖底，不透虚影，表面均匀。喷涂时，应控制涂料黏度，喷枪的压力，保持涂层均匀，不露底、不流坠、色泽均匀。

4.2.3　《公共建筑吊顶工程技术规程》JGJ 345—2014

4.1.7　吊杆、反支撑及钢结构转换层与主体钢结构的连接方式必须经主体钢结构设计单位审核批准后方可实施。
4.1.8　重型设备和有振动荷载的设备严禁安装在吊顶工程的龙骨上。
4.2.3　当吊杆长度大于1500mm时，应设置反支撑。反支撑间距不宜大于3600mm，距墙不应大于1800mm。
反支撑应相邻对向设置。当吊杆长度大于2500mm时，应设置钢结构转换层。
4.2.4　当吊杆与管道等设备相遇、吊顶造型复杂或内部空间较高时，应调整、增设吊杆或增加钢结构转换层。吊杆不得直接吊挂在设备或设备的支架上。

4.2.4 《建筑装饰装修工程质量验收标准》GB 50210—2018

3.2.1 建筑装饰装修工程所用材料的品种、规格和质量应符合设计要求和国家现行标准的规定。不得使用国家明令淘汰的材料。

3.2.3 建筑装饰装修工程所用材料应符合国家有关建筑装饰装修材料有害物质限量标准的规定。

6.5.3 带有机械装置、自动装置或智能化装置的特种门，其机械装置、自动装置或智能化装置的功能应符合设计要求。

6.5.4 特种门的安装应牢固。预埋件及锚固件的数量、位置、埋设方式、与框的连接方式应符合设计要求。

6.5.5 特种门的配件应齐全，位置应正确，安装应牢固，功能应满足使用要求和特种门的性能要求。

7.2.3 整体面层吊顶工程的吊杆、龙骨和面板的安装应牢固。

7.2.4 吊杆和龙骨的材质、规格、安装间距及连接方式应符合设计要求。金属吊杆和龙骨应经过表面防腐处理；木龙骨应进行防腐、防火处理。

9.5.1 金属板的品种、规格、颜色和性能应符合设计要求及国家现行标准的有关规定。

9.5.2 金属板安装工程的龙骨、连接件的材质、数量、规格、位置、连接方法和防腐处理应符合设计要求。金属板安装应牢固。

4.2.5 《综合医院建筑设计规范》GB 51039—2014

5.8.5 放射设备机房门的净宽不应小于1.20m，净高不应小于2.80m，计算机断层扫描（CT）室的门净宽不应小于1.20m，控制室门净宽宜为0.90m。

5.8.7 防护设计应符合国家现行有关医用X射线诊断卫生防护标准的规定。

5.10.4 钴60治疗室、加速器治疗室、γ刀治疗室及后装机治疗室的出入口应设迷路，且有用线束照射方向应尽可能避免照射在迷路墙上。防护门和迷路的净宽均应满足设备要求。

5.10.5 防护应按国家现行有关后装γ源近距离卫生防护标准、γ远距离治疗室设计防护要求、医用电子加速器卫生防护标准、医用X射线治疗卫生防护标准等的规定设计。

5.11.1 核医学科位置与平面布置应符合下列要求：

1 应自成一区，并应符合国家现行有关防护标准的规定。放射源应设单独出入口。

3 控制区应设于尽端，并应有贮运放射性物质及处理放射性废弃物的设施。

4.2.6 《通风与空调工程施工质量验收规范》GB 50243—2016

4.1.7 净化空调系统风管的材质应符合下列规定：

1 应按工程设计要求选用。当设计无要求时，宜采用镀锌钢板，且镀锌层厚度不

应小于 $100g/m^2$。

6.2.5 净化空调系统风管的安装应符合下列规定：

1 在安装前风管、静压箱及其他部件的内表面应擦拭干净，且应无油污和浮尘。当施工停顿或完毕时，端口应封堵。

2 法兰垫料应采用不产尘、不易老化，且具有强度和弹性的材料，厚度应为 5mm~8mm，不得采用乳胶海绵。法兰垫片宜减少拼接，且不得采用直缝对接连接，不得在垫料表面涂刷涂料。

3 风管穿过洁净室（区）吊顶、隔墙等围护结构时，应采取可靠的密封措施。

6.3.1 风管支、吊架的安装应符合下列规定：

1 金属风管水平安装，直径或边长小于等于 400mm 时，支、吊架间距不应大于4m；大于 400mm 时，间距不应大于 3m。

4.2.7 《建筑电气工程施工质量验收规范》GB 50303—2015

11.2.3 当设计无要求时，梯架、托盘、槽盒及支架安装应符合下列规定：

7 水平安装的支架间距宜为 1.5m~3.0m，垂直安装的支架间距不应大于2m。

8 采用金属吊架固定时，圆钢直径不得小于 8mm，并应有防晃支架，在分支处或端部 0.3m~0.5m 处应有固定支架。

4.3 管理规定

（1）加速室房间创建精品工程施工应以经济、适用、美观、节能环保及绿色施工为原则，做到策划先行，样板引路，过程控制，一次成优。

（2）质量策划、创优策划工作应全面、细致，从工程质量及使用功能等方面综合考虑，明确细部做法，统一质量标准，加强过程质量管控措施，达到一次成优。

（3）采用 BIM 模型、文字及现场样板交底相结合的方式进行全员交底，明确施工工序、质量要求及标准做法，以确保策划的有效落地。

（4）各专业所采用的材料、设备应有产品合格证书和性能检测报告，其品种、规格、性能等应符合国家现行产品标准和设计要求。

（5）全面考虑各单位施工内容及相互影响因素，合理安排工序穿插。

（6）加强过程质量的监督检查，确保各环节施工质量。同时，做好专业间工作面移交检查验收工作，重点关注隐蔽内容及成品保护措施。

（7）技术复核工作至关重要，是保证每个关键节点符合要求的关键过程。各施工阶段应及时对各工序涉及的重点点位进行复核、实测及纠偏，确保符合图纸及深化要求。

（8）各工种穿插施工时，应采取有效护、包、盖、封等成品保护措施。

4.4 深化设计

4.4.1 图纸深化设计

1. 深化原则

1) 土建深化设计要求

(1) 根据加速室内初步设计要求,合理调整加速室内的布置,包括设备、通道、线路的走向与划分,有效地满足加速室使用功能的要求。

(2) 根据加速室施工现场尺寸、环境、材料、原设计要求和施工工艺要求进行主次龙骨的连接大样。

(3) 根据室内墙面、顶棚和铅板尺寸,进行纵横向排板。

(4) 加速室墙体阴阳角的连接,采用小面让大面。

(5) 根据墙体和吊顶板材尺寸,需要进行切割时,小面应在阴角位置,且应左右对称。

(6) 切割的板材后的排板不得小于板材尺寸的1/2,不得出现L形板材。

(7) 在进行土建深化时,应考虑各专业综合管线的定位要求,绘制各专业的顶棚、立面、地面综合布置图和定位放线要求。

(8) 顶棚、墙面确保中心、轴线、对称要求的一致性。

(9) 墙面横缝与门套上口对齐或尽可能对中线。

2) 机电深化设计要求

(1) 大管优先,小管避让大管。

(2) 有压管避让无压管(压力流管避让重力流管)。

(3) 低压管避让高压管。

(4) 常温管避让高温、低温管。

(5) 可弯管线避让不可弯管线、分支管线避让主干管线。

(6) 附件少的管线避让附件多的管线。

(7) 电气管线避热避水,在热水管线、蒸汽管线上方及水管的垂直下方不宜布置电气线路。

(8) 安装、维修空间500mm。

(9) 预留管廊内柜机、风机盘管等设备的拆装距离。

(10) 管廊内吊顶标高以上预留250mm的装修空间。

(11) 各防火分区处,卷帘门上方预留管线通过的空间,如空间不足,选择绕行。

(12) 其他避让原则:气体管道避让水管,金属管避让非金属管,一般管道避让通风管,施工简单的避让施工难度大的,工程量小的避让工程量大的,技术要求低的避让技术要求高的,检修次数少、检修方便的避让检修频繁、检修难度大的,非主要管线避让主要管线,临时管线避让永久管线,新建管线避让已建成管线。

2. 深化顺序

深化顺序见图4.4-1。

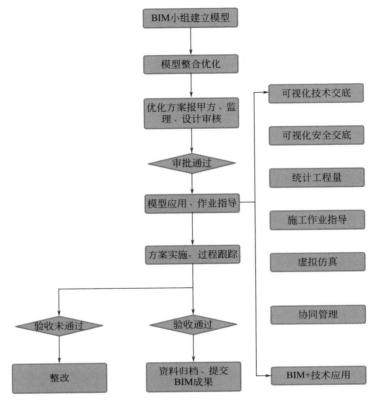

图 4.4-1　深化顺序图

3. 深化排布基本要求

（1）有压管道避让无压管道。无压管道（污水、废水、雨水、空调冷凝水管等）内介质仅受重力作用由高处往低处流，其主要特征是有坡度要求、管道杂质多，容易堵塞，所以无压管道保持直线，满足坡度，尽量避免过多转弯，以保证排水顺畅以及满足空间净高。有压管道（给水管道、消火栓管道、喷水灭火管道、热水管道、空调水管）在外加压力（水泵）作用下，介质克服沿程阻力沿一定方向流动，一般而言，改变管道走向、上下翻管、绕道走管不会对其供水有太大的影响。因此，当有压管道与无压管道碰撞时，应首先考虑改变有压管道的路径。

（2）小管道避让大管道。大管道由于造价高（特别是配件）、尺寸重量大等原因，一般不会做过多的翻转和移动，应先确定大管道的位置，后布置小管道的位置。两者发生冲突时，应调整小管道，因为小管道造价低而且占用空间小，易于更改和移动安装。

（3）电缆（动力、自控、通信等）桥架与水管宜分开布置或布置在其上方，以免管道渗漏时损坏（室外接入处桥架应做好防水排水）线缆造成事故。如必须在一起敷设，电缆应考虑设防水保护措施，各种管线在同一处垂直方向布置时，一般是线槽或电缆在上水管在下，热水管在上冷水管在下，风管在上水管在下，尽可能使管线呈直线，相互平行不交叉，使安装维修方便，降低工程造价。

（4）附件少的管道避让附件多的管道。安装多附件管道时要注意管道之间留出足够的空间，这样有利于施工操作以及今后的检修（设备房，需考虑法兰、阀门等附件所占的位置）、更换管件。

4.5 地面施工（喷涂地面：环氧树脂地坪）

4.5.1 适用范围

适用于医院加速室采用环氧树脂地坪的施工。

4.5.2 质量要求

（1）基层应平整，不得有起砂、空鼓、裂纹等现象。地面平整度在 2m 范围内不大于 2mm。

（2）基层打磨时应将施工地面的灰尘清理干净，保证施工环氧树脂底涂与原地面有良好的粘结力。

（3）采用的环氧树脂材料应为水性材料，其材料各项性能应符合设计要求。

（4）滚涂底油时涂层应均匀，不得漏涂，底油固化后应形成一层透明树脂涂层。

（5）施工面涂之前必须保证地面清洁，表面不能有砂粒、杂物等，且环氧树脂面涂料按比例调配，镘刀施工自然固化。

4.5.3 工艺流程

基层平整度检查→基层处理→基层验收→环氧树脂底涂配制→环氧树脂中涂配制→环氧树脂面涂配制→检查验收

4.5.4 精品要点

（1）环氧树脂楼地面基层应平整，其平整度不得大于 2mm。

（2）局部有裂纹和施工缝的区域，应采用环氧树脂砂浆填平，并打磨平整。

（3）底涂涂刷应均匀一致，无漏底，且底涂应渗入混凝土面。

（4）刮涂速度要快而均匀，禁止来回反复刮涂，施工应连续完成，不能停顿。

（5）环氧树脂砂浆楼地面地坪施工完毕后需养护 7～10d 后方可投入使用，在养护期间，应避免水或其他溶液浸润表面。

4.5.5 实例或示意图

实例或示意图见图 4.5-1～图 4.5-3。

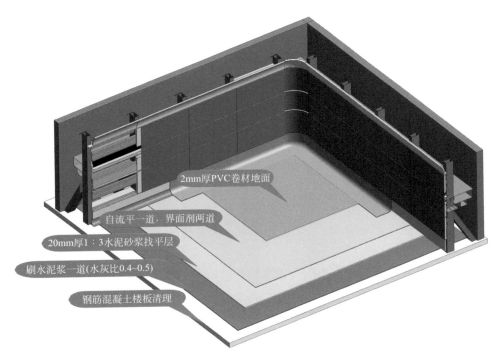

2mm厚PVC卷材地面

自流平一道，界面剂两道

20mm厚1：3水泥砂浆找平层

刷水泥浆一道(水灰比0.4~0.5)

钢筋混凝土楼板清理

图 4.5-1　地面施工节点三维

图 4.5-2　成形效果 1

图 4.5-3　成形效果 2

4.6 墙面施工（板材墙面：铅板墙面）

4.6.1 适用范围

适用于医院防辐射使用干挂铅板的房间。

4.6.2 质量要求

（1）墙面龙骨及铅板安装高度应符合设计要求，并与吊顶安装高度相适应。铅板安装必须牢固、不变形、不脱色、不残缺、不折裂。

（2）墙面龙骨必须安装牢固，无松动，位置正确，无弯曲和变形。

（3）所用的龙骨、配件规格、性能应符合设计要求。

（4）铅板厚度应满足设计防辐射要求。

（5）铅板不能有沙眼、凹凸不平等质量缺陷。

（6）表面应光洁、平顺、色泽一致，接缝应均匀、顺直。

（7）相邻铅板的搭接宽度为（30±5）mm，采用拉钉固定铅板后应将铅板翻边。

（8）铅板固定在钢龙骨墙面骨架上时，应对过空的钉子眼做铅扣帽防护处理。

（9）在钢骨架下部作铅防护处理时，应对空调通风口的上部作防护处理。

4.6.3 工艺流程

找线定位→核查预埋件及洞口→龙骨配制与安装→钉装防护面板→检查验收

4.6.4 精品要点

（1）材料进场后应及时检查并检验铅板厚度，检查每卷长度是否足量。

（2）铅板与铅板之间的搭设宽度为（30±5）mm。

（3）固定加强垫片固定铅板时，采用拉钉固定后应将钉子眼做铅扣帽防护处理。

（4）铅板隔墙表面要求平整、美观。

（5）铅板与承重构件遇梁随弯就弯。

（6）门头三方框应采用铅板将三门框进行遮盖，防止辐射泄漏。

（7）铅板安装前，对龙骨纵横向间距、平直度、安装牢固情况进行检查，合格后进行安装。

（8）面板配好后进行试装，面板尺寸、接缝、接头处构造完全合适，才能进行正式安装。隔墙上的孔洞、槽、盒应位置正确、套割吻合、边缘整齐。

4.6.5 实例或示意图

实例或示意图见图 4.6-1～图 4.6-3。

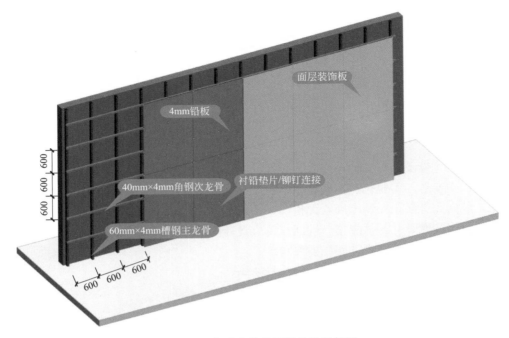

图 4.6-1　加速室装饰面板构造示例图

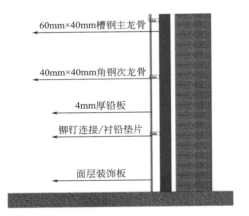

图 4.6-2　铅板墙面剖面示意图

图 4.6-3　铅板墙面完成效果

4.7　墙面施工（涂料墙面：医用专用防辐射涂料）

4.7.1　适用范围

适用于医院防辐射房间的墙面和顶棚。

4.7.2 质量要求

（1）材料应有产品合格证书、性能检验报告、有害物质限量检验报告和进场验收记录；

（2）找平层应平整、坚实、牢固，无粉化、起皮和裂缝；内墙找平层的粘结强度应符合现行行业标准《建筑室内用腻子》JG/T 298的规定。

4.7.3 工艺流程

基层清理→防辐射涂料搅拌→涂料喷涂→检查验收

4.7.4 精品要点

（1）喷涂应控制喷枪和实物距离为100mm，以保证喷涂质量。

（2）喷涂之前请确保无沉淀，每隔5min左右时间回枪一次，喷涂出的导电漆是连续的湿润的涂层。

（3）使用前，应搅拌均匀后使银金属粒子分散均匀，喷涂出来的漆膜才能达到导电性能。

（4）每遍喷涂厚度不超过5～8mm，间隙时间一般在1～2h（以墙面呈7分干为宜）。

（5）喷涂完检测时，应带布手套（或手指套）检测，以免手上的汗渍同产品表面接触，发生氧化反应。

（6）防辐射涂层彻底干透后，才能进行铅防护门和防辐射铅玻璃的安装及其他施工，任何施工不得破坏防辐射涂层。

4.7.5 实例或示意图

实例或示意图见图4.7-1、图4.7-2。

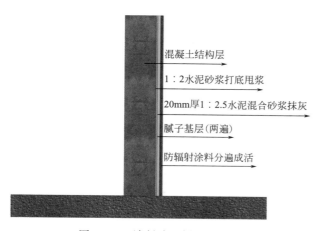

图4.7-1 涂料墙面剖面示意图

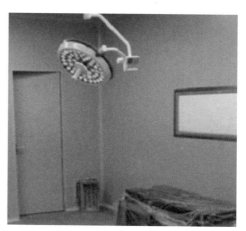

图4.7-2 防辐射涂料施工效果

4.8 吊顶施工（板材吊顶：铅板吊顶）

4.8.1 适用范围

适用于医院使用铅板吊顶的防辐射房间。

4.8.2 质量要求

（1）吊顶标高、尺寸、起拱和造型应符合要求。吊顶龙骨安装必须牢固、外形整齐、美观、不变形、不脱色、不残缺、不折裂。

（2）吊杆和龙骨的材质、规格、安装间距及连接方式要符合设计要求。金属吊杆和龙骨表面应进行防锈处理。

（3）吊顶埋件与吊杆的连接、吊杆与龙骨的边接、龙骨与面板的连接应安全可靠。

（4）吊顶的轻钢骨架应与主体结构连接，并应拧紧吊杆螺母，以控制固定设计标高；吊顶内的各种管线、设备件不得安装在轻钢骨架上。

（5）各吊杆点的标高应保持一致。

4.8.3 工艺流程

弹顶板标高水平控制线→划龙骨线→管线安装→主龙骨吊杆→安装边龙骨→安装主龙骨→安装次龙骨→安装面板→检查验收

4.8.4 精品要点

（1）吊顶龙骨的安装应按深化设计要求的尺寸进行分格安装。主龙骨相接处安装好连接件，拉线调整标高、起拱。

（2）在正式安装吊顶前，根据房间实际尺寸进行试拼，将非整块板对称排放在房间的靠墙部位。根据试拼结果确定顶棚龙骨的位置，安装龙骨。

（3）安装的面板材料表面应洁净、色泽一致，不得有翘曲、裂缝及缺损。

（4）相邻板面应平整，接缝严密。面板与龙骨的搭接应平整、吻合，压条应平直、宽窄一致。

（5）面板上的灯具、烟感器、喷淋头、风口算子和检修口等设备设施的位置应合理、美观，与面板的交接应吻合、严密。

4.8.5 实例或示意图

实例图见图 4.8-1。

图 4.8-1　加速面板安装成型效果图

4.9　直线加速器设备安装

4.9.1　适用范围

适用于医院加速室。

4.9.2　质量要求

医用直线加速室内加速器是一种把高能物理运用到医疗技术上的高新科技产品，是继同位素放射疗法后又一种治疗肿瘤的新方法，虽然医用直线加速器对肿瘤疾病有良好的治疗效果，但如果防护或使用不当，它所产生的高能电子辐射也会给医护人员和周边人群带来伤害。同时医用直线加速器的各个系统对工作环境控制和安装要求很高。

4.9.3　工艺流程

安装准备→开箱检查→设备安装→冷却管道安装→设备调试

4.9.4　精品要求

（1）高能量医用直线加速器的电离辐射以及治疗的精准度要求，对机房的辐射控制以及屏蔽工程要求相当高，在场地准备过程中，必须严格按照厂商以及设备的技术参数要求做好机房场地准备工作。

（2）机房设计时应该充分考虑辐射防护设计部分，确保机房辐射防护满足国家职业防护的相关法律法规，土建施工时，严格按照辐射防护设计，做好机房防护土建施工，不能随意改动防护墙尺寸。

（3）高能量冷却系统使用冷却剂、压缩空气以及环境要求等参考表 4.9-1 中的理想规格。

冷却剂及压缩空气选用表 表 4.9-1

冷却剂流量	65 F@4 GPM(18℃@ 15 LPM)
冷却剂的乙二醇含量	不超过50%
压缩空气	1CFM 下 50psi(1.7m^3/gr 下 3.6kg/cm^2)
室内湿度	50%相对湿度,无冷凝
室内温度	70 F(21℃)
最大冷却剂热负荷	25 kW(85.379 Btu/hr)
负荷(Chinac 运行状态)	13.3kW(45.422 Btu/hr)

（4）配电设备安装应该符合国家标准，具体如下：电源电压 380V，频率（50±1）Hz，每天最大电压波动范围为 360~440V，三相电压间每相的最大波动不得超过额定值的 3%。

（5）网络电缆必须至少为 5El 类，最小带宽 100 Mbps，全双工（100 BaseT）。从墙板到位于远程放置通信柜中的网络开关或路由器，电缆长度必须是＜100m 的一段。使用独特的标识符将 RJ-45 连接器标记为 DATA 连接，该标识符在接线板、开关或者路由器中界定端接点。

（6）《民用建筑电气设计标准》GB 51348—2019 规定直线加速器为一类负荷，需要双电源对主机部分供电。按要求机房须配置一套 100 kV·A 的稳压电源和一个失电压释放器，其中失电压释放器就是在紧急开关动作后，能使除控制变压器电路意外的内部电源都断开。

（7）设备电源线路应为独立电路，进线电缆须为多股铜芯线，接入断路器。配电柜要具备防开盖锁定功能，确保电气安全作业的需要。

（8）控制室电源与加速器主机电源必须共电源，在控制区域提供一个主开关，控制位于治疗室内的室内监视器以及所有配套的 IT 硬件，计算机必须有永久电源供电。各室内均有带地线的 220V 的电源插座，以备维修时使用。

（9）在加速器立柱、治疗床及加速器调制柜上都要配有紧急开关（常闭式、手动复位型）。在治疗室内应有足够开关，使人在治疗室内，不需穿过主射束就能令加速器停机。

（10）设备要求绝缘良好的专用接地线，采用线径不小于 50mm^2 的多股铜芯线，并将接地线引到调制柜底下，接地电阻小于 1Ω，理想值小于 0.5Ω。

（11）防护墙上不允许有穿墙直通的管路，防止辐射源通过管道泄漏出去。电缆沟要做到通过温控机组和调制器的底座下，所有穿墙电缆沟必须垂直射线方向。

（12）室内照明灯、调光灯、激光定位灯、闭路电视系统及室内监视器都能用一个单独的室内主关闭控制。

（13）治疗室入口处，应设置出束警示灯，其开闭应受设备的操作台控制。治疗室应设置门、机连锁控制装置。在防护门安装时还需考虑断电或连锁控制装置故障时，提供捯链手动推动防护门的应急方案。

4.9.5 实例或示意图

实例图见图 4.9-1。

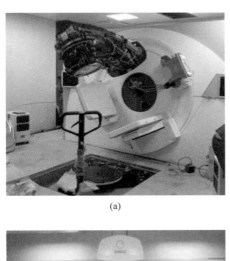
(a)

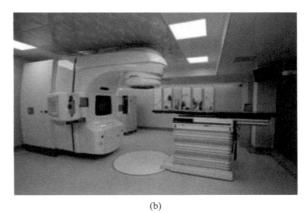
(b)

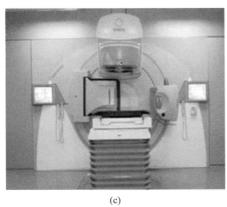
(c)

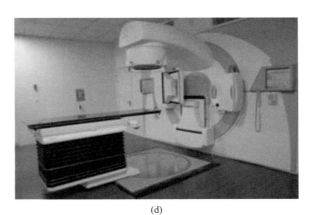
(d)

图 4.9-1 直线加速器安装

第5章

医院功能用房——消毒供应室

5.1 一般规定

（1）消毒供应室设计应符合国家相关的消毒隔离法规和标准，建筑面积与医院规模相适应，床位与建筑面积之比达到1：（0.7～0.9）m²。100张床位以下医院最小建筑面积为70m²。

（2）建筑位置合理，不建在地下室。供应室应接近住院部、门诊部和手术室之间，周围环境清洁，无污染源，避开垃圾处理站、食堂、洗衣房、交通要道等处，形成相对独立的区域。

（3）严格划分区域。

①供应室内设污染区、清洁区、无菌物品存放区和生活区，各区必须分开，有实际屏障相隔，有各自的设备配置、工作范围和功能；污染区、清洁区、无菌物品存放区之间的人流、空气流由洁到污，物流由污到洁，单向流程设置，强制通过不得交叉和逆行。

②污染区是处理被病原微生物污染的医疗器械物品的区域，必须设置污染物品接收分类区、清洗区、传递清洁物品的传递窗、洗污物回收车的区域等，操作区域的划分按污染递减的处理顺序。污染区和清洁区之间应设缓冲区（间）；清洁区是存放清洁物品的区域，包括准备灭菌物品的包装间（器械包装间和敷料包装间分开）、压力蒸汽灭菌间、清洁物品入口、一次性无菌医疗用品和清洁敷料及器械类存放间、车辆暂存间等，无菌物品下送车出入口等。有条件可设质量监测室；无菌物品存放区是存放灭菌物品和去掉外包装的一次性无菌器材的区域，包括无菌间、无菌物品发送窗口。

③根据三区内基本设备配置如清洗消毒设备、灭菌设备、运输设备、装配台、存储设备、专用的送物电梯等和功能区域划分进行建筑设计。

（4）工作人员各自进入污染区、清洁区、无菌区时应在每个区域之间设缓冲间。缓冲间应设洗手设施，采用非接触式水龙头开关。无菌物品存放区内不应设洗手池。

（5）三区内设备及物品各自分开管理，污染物品、清洁物品和无菌物品严格划分，在相应的区域内使用固定设施和设备进行处理。

（6）建立220V、380V两路供电，设立独立的设备电源箱。

（7）消毒供应中心常用水符合生活饮用水卫生标准。保证热水供应、水过滤和去离子、蒸馏水供应。

（8）室内通风采光良好，各区域的空气洁净度应符合《医院消毒卫生标准》GB 15982—2012 中规定的环境分类和标准。没有条件设置空气净化系统的，必须有空调换风与空气消毒的设施。低温灭菌室必须建立独立的排风系统。

（9）建筑材料应满足易清洁、耐腐蚀的要求，室内墙壁及顶棚板无裂隙，无颗粒性物质脱落。地面平整、防滑、耐磨、易清洗。地漏必须在排水口的下部设置高水封装置并加密封盖，无菌存放间无地漏。污水排放管道接医院污水处理系统。

（10）设立安全通道，有明确的防火疏散指引标记和完善的灭火装置。

5.2 规范要求

《综合医院建筑设计规范》GB 51039—2014
《医院消毒供应中心 第1部分：管理规范》WS 310.1—2016
《医院消毒供应中心 第2部分：清洗消毒及灭菌技术操作规范》WS 310.2—2016
《医院消毒供应中心 第3部分：清洗消毒及灭菌效果监测标准》WS 310.3—2016
《医院医用织物洗涤消毒技术规范》WS/T 508—2016
《病区医院感染管理规范》WS/T 510—2016
《医院隔离技术规范》WS/T 311—2009
《医院感染监测规范》WS/T 312—2009
《医务人员手卫生规范》WS/T 313—2019
《洁净厂房设计规范》GB 50073—2013
《洁净室施工及验收规范》GB 50591—2010
《住宅设计规范》GB 50096—2011
《生活饮用水卫生标准》GB 5749—2006
《最终灭菌医疗器械包装》GB/T 19633—2015

5.3 管理规定

（1）创建精品工程应以经济、适用、美观、节能环保及绿色施工为原则，做到策划先行，样板引路，过程控制，一次成优。

（2）质量策划、创优策划工作应全面、细致，从工程质量及使用功能等方面综合考虑，明确细部做法，统一质量标准，加强过程质量管控措施，达到一次成优。

（3）采用 BIM 模型、文字及现场样板交底相结合的方式进行全员交底，明确施工工序、质量要求及标准做法，以确保策划的有效落地。

（4）各专业所采用的材料、设备应有产品合格证书和性能检测报告，其品种、规格、性能等应符合国家现行产品标准和设计要求。

（5）根据总进度计划，编制消毒供应室施工进度计划，全面考虑各单位施工内容及相互影响因素，合理安排工序穿插。计划中，标明各材料计划采购时间，专业分包确定材料排产及进场等关键时间节点。

（6）总承包单位应协调各施工单位合理、及时地进行工序穿插施工。

（7）加强对土建及安装施工过程质量的监督检查，确保各环节施工质量。做好专业间工作面移交检查验收工作，重点关注隐蔽内容及成品保护措施。

（8）技术复核工作至关重要，是保证每个关键节点符合要求的关键过程。各施工阶段应及时对各工序涉及的重点点位进行复核、实测及纠偏，确保符合图纸及深化要求。

（9）各工种穿插施工时，应采取有效护、包、盖、封等成品保护措施，同时加强对其他专业已完成部位的保护工作。

（10）合理划分工作界面：净化工程分包包括净化区域内的各种装饰装修、各种管线敷设、各种设施设备采购安装等。但这一局部区域又是整体建筑的一个有机组成部分，水、电、气、暖等各系统、各专业如何有效连接，都需要具体明确，合理划分，多方配合，形成一体。特别是与医疗工作密切相关的医院信息化等系统，必须实现无缝连接；还有消防等特殊分项工程，必须与整体建筑统一施工，严密配合。

（11）及时修改不合理的设计方案和施工做法：施工过程中，应从方便使用的角度，不断完善和修改细节设计和做法，最大限度地优化施工做法，有效避免使用后的再次改造。

（12）妥善协调施工过程中的各种问题：定期召开协调会，及时合理解决施工过程中，多家、多专业同时施工、交叉作业出现的矛盾和问题。

（13）严密组织各项验收：每道工序完成后必须经监理和建设单位验收，否则不得进行下道工序施工；所有隐蔽工程必须经过验收合格；大宗材料进场必须验收合格，方可用于工程；各类设备进场必须验收，认真核对设计参数；各专业系统性能测试也必须进行验收等。

5.4　深化设计

1. 深化原则

1）整体设计要求

（1）消毒供应室设计的目标主要是保证患者使用和接触的物品100％消毒、灭菌。其侧重点应该保证在经济上，做到价格合理；在功能上，做到结果可靠、可控，满足需求；在未来发展上，确保自动化程度可以不断提高，符合环保的需求。

（2）消毒供应室深化设计宜在项目建设规划期间尽早介入并确定设备规格型号，避免出现设计完成或者施工过程中根据设备要求再做改造的现象；大多设备要做嵌入施工，所以要适时根据专用设备进场到位后，再进行内部封口装饰及施工。

（3）消毒供应室的设计原则主要是使消毒供应室建筑、布局合理化，建设合格达标的医院消毒供应室是医院消毒供应工作质量的保证，对消毒供应中心标准化、现代化、科学化和专业化管理起促进作用，是减少院内感染的重要措施，同时也是医院医疗质量安全的一个重要保证，也是建设现代化医院的强有力举措。此外还应能够满足工作运行成本低，设备可靠、消耗低，未来可以实现自动化程度高。

2）专业设计要求

（1）消毒供应室的总体布局根据流程可大概总结为图5.4-1。

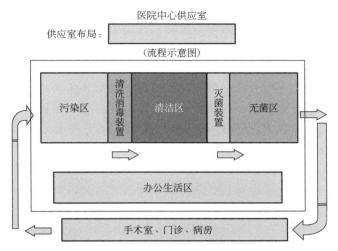

图 5.4-1　消毒供应室布局流程图

（2）消毒供应室的整体布局按照由"污"到"洁"再到"净"的作业流程进行布置，呈单向通过方式，严格划分污染区、清洁区、无菌区、生活区。气压由高到低依次为：无菌区、清洁区、污染区。设置可靠的三道屏障，即去污区与检查打包区之间采用双扉全自动清洗消毒器和传递窗，检查打包区与灭菌物品存放区之间采用双扉脉动真空灭菌器；无菌物品存放区与发放缓冲间采用双门互锁传递窗。

（3）各个区域布局及大小应结合工艺、设备调整。协调好主要六项系统的关系，即供应污染区的清洗、浸泡槽和各区域洗手设备的使用冷热水供应系统，供应脉动真空灭菌器使用高压蒸汽供应系统，供应各类清洗消毒设备对器械进行清洗时使用水处理系统，供各类医疗设备的用电和各工作区域不同的照度要求的供电及照明系统，清洗消毒器、高温蒸汽灭菌器等医疗设备对排水、排污管路及防腐系统，各个区域的通风、空调系统。

3）室内装修设计要求

（1）建筑空间人性化。

消毒供应室建筑空间上的人性化可以体现在如下几个方面：

①各个工作区以及生活区宜用不同的墙地面颜色加以区分，或使用醒目的标识提示，时刻提醒进入该区的人员履行卫生通过程序或者采取适当防护措施。

一般污染区用具有警示作用的浅红色标识，清洁区用浅黄色或者浅绿色标识，无菌区用浅蓝色标识。不同的颜色变化不仅具有提醒警示作用，而且也能在一定程度上消除单一色彩给工作人员带来的焦躁情绪。

②生活区的装修宜采用生活化的色彩。卫生淋浴间、休息室等房间的设置要考虑工作人员使用的方便。

③考虑工作人员的作业方便。一些大型清洗消毒和灭菌设备、推车的装载和卸载很消耗体力，如果设计时能预留设备基坑，使设备安装后轨道和地面相持平，推车就可方便地装载卸载。

（2）相关设施人性化。

①在供应室内无论走到哪里，都要体现出人性化的关爱。体现在设施上如：当你提取重物时，告诉你正确的提取方法。当接触污物时提醒你戴手套并及时洗手，水池旁有 6 步洗手法，作为专业指导。高压灭菌器等高温作业设备旁贴有显著的"小心烫伤"字样等。

②为适应信息化建设及人本管理的需要，有经济条件的大型医院在生活区内布置有网线、电话线，留置网络接口，装设背景音乐系统和广播系统。装设背景音乐系统后，工作人员在休息时，甚至工作条件允许的情况下，可以伴着柔和的音乐工作，一定程度上营造了亲切愉快的氛围，舒缓了压力；广播系统可以及时将消息通知到个人，避免了工作人员在各区之间来回穿套；休息室内配备影音设备，既可以满足平时示教需求，工作闲暇也可以为工作人员提供娱乐服务。

4）防火要求

消毒供应室按一级耐火等级进行建筑防火设计和室内装修防火设计：

（1）墙体、墙面：疏散走道两侧隔墙耐火极限不小于 1h，房间隔墙耐火极限不小于 0.75h。

（2）吊顶：耐火极限不小于 0.25h。

5）机电深化设计要点

（1）综合布图，分层排布，确定管道标高，精确预留洞口。

（2）大管优先，小管避让大管。

（3）低压管避让高压管。

（4）常温管避让高温、低温管。

（5）可弯管线避让不可弯管线、分支管线避让主干管线。

（6）附件少的管线避让附件多的管线。

（7）电气管线避热避水，在热水管线、蒸汽管线上方及水管的垂直下方不宜布置电气线路。

（8）安装、维修空间 500mm。

（9）灯具与吊顶相协调。

（10）吊顶标高以上预留 250mm 的装修空间。

（11）其他避让原则：气体管道避让水管，金属管避让非金属管，一般管道避让通风管，施工简单的避让施工难度大的，工程量小的避让工程量大的，技术要求低的避让技术要求高的，检修次数少、检修方便的避让检修频繁、检修难度大的，非主要管线避让主要管线，临时管线避让永久管线，新建管线避让已建成管线。

2. 深化顺序

1）去污区

（1）消毒供应室的墙面材料要求表面平整易清洁，材料需防腐、防潮、防水、不易长霉。尽量不用瓷砖，因为瓷砖接缝过多，容易积藏污物。一般情况下可采用在平整的墙面上涂刷耐擦洗的环保涂料，如丝光乳胶漆，或采用彩钢板。墙角宜设计为圆弧形，避免产生卫生死角，滋生细菌。

（2）地面应选用平整易清洁、防滑、耐磨、抗酸碱性佳的材料。硬质材料如玻化砖、防滑地砖等，软质材料如 PVC 橡胶地面。如果选用砖材作为地面材料的话，应注意砖材的尺寸规格要大小适度，在铺装时可减少接缝。

（3）如果采用双扉式清洗消毒设备划分污染区和清洁区，在两区交接处，应保持地面整体连贯或处在同一标高，以保障设备顺利安装。污染区内考虑在适当的位置加装地漏，以满足清洗时的排水要求。吊顶要求平整严密，不得有缝隙。吊顶材料要求防腐、防潮、易清洁，尽量选择色彩式样美观的材料。一般情况下可选用塑料、PVC 或金属板等既防菌防潮又耐腐蚀的材料。

（4）外门窗可采用铝合金框，中空玻璃，不仅隔声隔热，而且易清洁。入户门玻璃则建议采用透明无色玻璃，以便于准确观察。不建议使用木门，如使用木门则要求使用环保材料。

2）清洁区

（1）消毒供应室的清洁区不应有防振缝、伸缩缝等穿越，当必须穿越时，应用止水带封闭。地面应做防水层。严禁使用可持续挥发有机化学物质的材料和涂料，与室内空气直接接触的外露材料不得使用木材和石膏。

（2）墙面应选用平整、易清洁、防腐、防潮、不易长霉、不易开裂、阻燃和耐碰撞的环保材料，尽量不用瓷砖，因为瓷砖接缝过多，容易积藏污物。可采用在平整的墙面上涂刷耐擦洗环保涂料，如丝光乳胶漆，或采用彩钢板。墙角作圆弧形设计，避免清除不尽的死角，使细菌无处藏身。

（3）地面应选用平整、易清洁、防滑、耐磨、抗酸碱性佳的材料。硬质者如玻化砖、防滑地砖等，软质地材如 PVC 地胶。地面不应有地漏。如果选用砖材作为地面材料，应考虑材料的尺寸齐全，在铺装时可减少接缝。建议采用软质地材，如橡胶卷材、带高强耐磨层的复合 PVC 卷材。吊顶可采用防菌、耐腐蚀、防潮湿的材料，如塑料、PVC 或金属板。门窗、外门窗可采用铝合金中空玻璃，隔声，隔热，易清洁。入户门玻璃则建议采用透明无色玻璃，以便于准确观察。木门则要求使用环保材料。

3）无菌区

（1）消毒供应室无菌墙面应选用平整易清洁、防腐、防潮、防水、不易长霉的环保材料，尽量不用瓷砖，因为瓷砖接缝过多，容易积藏污物。可采用在平整的墙面上涂刷耐擦洗环保涂料，如丝光乳胶漆，或采用彩钢板。墙角作圆弧形设计，避免清除不尽的死角，使细菌无处藏身。注意：一般情况无菌区不应有窗户，如有需求应保持严格密封（可采用双层窗户）。

（2）地面建议采用软质地材，如橡胶卷材，或带高强耐磨层的复合 PVC 卷材。地面不应有地漏。

3. 深化排布基本要求

（1）消毒供应室顶棚：镀锌方钢龙骨＋防潮石膏板＋电解钢板。

（2）消毒供应室地面：自流平＋抗静电橡胶卷材。

（3）设计图纸挂板模式消毒供应室排板需保证墙板与圆弧板对缝。

（4）冷水管道避让热水管道，热水管道需要保温，造价较高，且保温后的管径较大，另外，热水管道翻转过于频繁会导致集气，因此在两者相遇时，一般调整冷水管道。

（5）电缆（动力、自控、通信等）桥架与水管宜分开布置或布置在其上方，以免管道渗漏时损坏（室外接入处桥架应做好防水排水）线缆造成事故。如必须在一起敷设，电缆应考虑设防水保护措施，各种管线在同一处垂直方向布置时，一般是线槽或电缆在上水管在下，热水管在上冷水管在下，风管在上水管在下，尽可能使管线呈直线，相互平行不交叉，使安装维修方便，降低工程造价。

（6）附件少的管道避让附件多的管道，安装多附件管道时要注意管道之间留出足够的空间，这样有利于施工操作以及今后的检修（设备房，需考虑法兰、阀门等附件所占的位置）、更换管件。

（7）尽量利用梁内空间，绝大部分管道在安装时均为贴梁底走管，梁与梁之间通常存在很大的空间，尤其是当梁高很大时，在管道十字交叉时，这些梁内空间可以很好的利用起来。在满足拐弯半径条件下，空调风管、桥架和有压水管均可以通过翻转到梁内空间的方法，避免与其他管道冲突，保持路由通畅，满足空间净高要求。

（8）有压管道避让无压管道。无压管道（污水、废水、雨水、空调冷凝水管等）内介质仅受重力作用由高处往低处流，其主要特征是有坡度要求、管道杂质多，容易堵塞，所以无压管道保持直线，满足坡度，尽量避免过多转弯，以保证排水顺畅以及满足空间净高。有压管道（给水管道、消火栓管道、喷水灭火管道、热水管道、空调水管）在外加压力（水泵）作用下，介质克服沿程阻力沿一定方向流动，一般而言，改变管道走向，上下翻管，绕道走管不会对其供水有太大的影响。因此，当有压管道与无压管道碰撞时，应首先考虑改变有压管道的路径。

（9）小管道避让大管道。大管道由于造价高（特别是配件）、尺寸重量大等原因，一般不会做过多的翻转和移动，应先确定大管道的位置，后布置小管道的位置。两者发生冲突时，应调整小管道，因为小管道造价低而且占用空间小，易于更改和移动安装。

5.5 地面面层施工

5.5.1 适用范围

适用于消毒供应室（或有洁净要求）的地面。

5.5.2 质量要求

（1）用于消毒供应室的地面面层材料除应满足隔热、隔声、防振、防腐、防火、防静电等要求外，还应保证消毒供应室的气密性和表面不产尘、不积尘。

（2）消毒供应室地面面层施工现场的环境温度不宜低于10℃。

（3）有地漏和坡度要求的，应按设计要求做好排水坡度。

（4）板块面层的结合层和填缝材料采用水泥砂浆时，表面应覆盖、湿润，且养护时间不少于7d。

（5）整体面层施工时，水泥类基层抗压强度不得低于1.2MPa，且表面应粗糙、洁净、湿润但不得有积水。

5.5.3 工艺流程

1. 地砖面层（带防水层）

抄标高线→基层处理→结合层施工→找平层施工→浇水润湿→水泥聚合物防水层→水

泥砂浆保护层兼做找平层→找坡、地漏施工→细部处理→面砖粘贴→专用同色勾缝剂擦缝→成品保护

2. PVC 面层

抄标高线→基层处理→结合层施工→细石混凝土施工→浇水润湿→水泥自流平专用界面剂施工→水泥自流平找平层（两遍成活）→找坡、地漏施工→细部处理→PVC 地板粘贴→面层打蜡→成品保护

5.5.4 精品要点

（1）建筑底层的地面宜设置防水（防潮）层。

（2）结合层砂浆体积比宜为 1：3。

（3）地砖底面应洁净，与结合层之间以及在墙角、靠柱、镶边处应紧密贴合，不得采用砂浆填料。

（4）地砖铺贴时宜高出实铺厚度 2～3mm。

（5）地面排水坡向及地漏位置设置正确，排水坡度满足设计要求，排水通畅、无积水。

（6）饰面砖应色泽一致、无色差，砖缝宽窄一致、交圈，接缝平整。

（7）做好成品保护，防止交叉污染，保证地面面层线条顺直、清晰，材料表面无污染。

5.5.5 实例或示意图

实例或示意图见图 5.5-1～图 5.5-3。

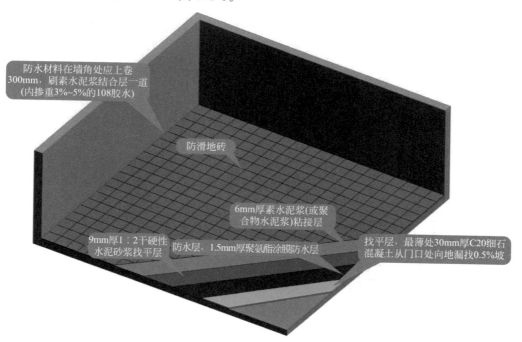

图 5.5-1 地砖面层

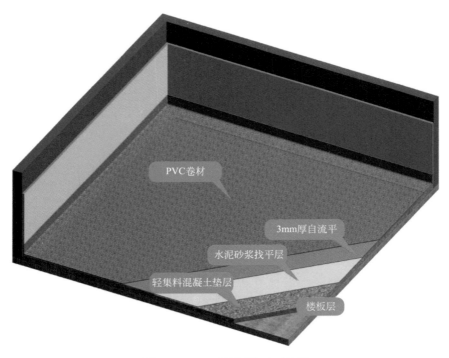

图 5.5-2　PVC 地面施工三维图

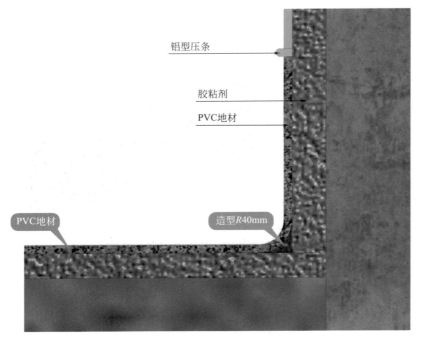

图 5.5-3　PVC 地面施工节点剖面

5.6 墙面施工

5.6.1 适用范围

适用于消毒供应室（或有洁净要求）的墙面。

5.6.2 质量要求

（1）用于消毒供应室的墙面面层材料除应满足隔热、隔声、防振、防腐、防火、防静电等要求外，还应保证消毒供应室的气密性和表面不产尘、不积尘。

（2）消毒供应室墙面施工应在完成基底打磨与清理的粉尘作业、表面涂刷界面剂之后进行。

（3）在已有墙面基础上施工前，应将原墙面基底清理干净并涂刷界面剂后，用腻子刮平。

（4）对于送风和回风静压箱空间，暴露于表面的钢筋混凝土应采用清水混凝土。

（5）洁净抗菌板间嵌缝应采用添加抑菌剂的中性密封胶嵌实。

5.6.3 工艺流程

墙面基层处理、消尘→龙骨定位、弹线→安装钢固定件（膨胀螺栓与原墙体固定）→安装竖向龙骨→调整龙骨以确保分缝对应→卡件定位→确定面板挂点→安装医用抗菌板→抗菌板接缝封闭、密封→与顶棚、地面结合处细部处理→接缝处美化处理→成品保护

5.6.4 精品要点

（1）为保证消毒供应室墙面的使用要求，洁净抗菌板间嵌缝材料须加入抑菌剂，填嵌应密实、连续。

（2）洁净抗菌板面层应色泽一致、无色差，接缝宽窄一致、平整。

（3）洁净抗菌板水平缝和垂直缝相交处应处理细致，采用不易积灰、污染的金属线条进行封闭。

（4）洁净抗菌板支撑龙骨及各类连接件、卡件等均应做防腐、防锈处理。

（5）管线盒、开关等应居于面板中间或沿一边骑缝。

（6）做好成品保护，防止交叉污染，保证线条顺直、清晰，材料表面无污染。

5.6.5 实例或示意图

实例或示意图见图 5.6-1、图 5.6-2。

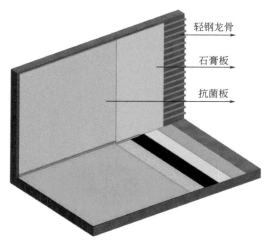

图 5.6-1　墙面三维图

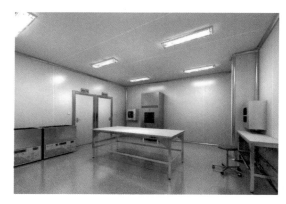

图 5.6-2　墙面实例图

5.7　吊顶施工

5.7.1　适用范围

适用于消毒供应室（或有洁净要求）的吊顶。

5.7.2　质量要求

（1）消毒供应室吊顶施工应在完成基底打磨与清理的粉尘作业、表面涂刷界面剂之后进行。

（2）在已有墙面基础上施工前，应将原墙面基底清理干净并涂刷界面剂后，用腻子刮平。

（3）对于送风和回风静压箱空间，暴露于表面的钢筋混凝土应采用清水混凝土。

（4）吊顶应按房间设计宽度方向起拱，周边应与墙体交接严密并封闭。

（5）吊顶内各种金属件均应进行防腐、防锈处理，预埋件和墙体、楼面衔接处均应作密封处理。

5.7.3　工艺流程

顶面基层处理、消尘→龙骨定位、弹线→固定吊挂杆→安装边龙骨→安装主龙骨→安装次龙骨→罩面板安装→成品保护→验收

5.7.4　精品要点

（1）为保证消毒供应室墙面的使用要求，洁净抗菌板间嵌缝材料须加入抑菌剂，填嵌应密实、连续。

（2）洁净抗菌板面层应色泽一致、无色差，接缝宽窄一致、平整。

（3）洁净抗菌板水平缝和垂直缝相交处应处理细致，采用不易积灰、污染的金属线条进行封闭。

（4）洁净抗菌板支撑龙骨及各类连接件、卡件等均应做防腐、防锈处理。

（5）管线盒、开关等应居于面板中间或沿一边骑缝。

（6）做好成品保护，防止交叉污染，保证线条顺直、清晰，材料表面无污染。

5.7.5 实例或示意图

实例或示意图见图 5.7-1～图 5.7-3。

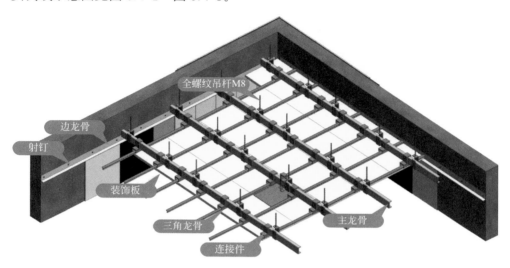

图 5.7-1 吊顶安装三维图

图 5.7-2 吊顶实例图 1

图 5.7-3 吊顶实例图 2

5.8 门窗工程

5.8.1 适用范围

适用于消毒供应室的门窗工程。

5.8.2 质量要求

（1）门窗构造应平整简洁、不易积灰、容易清洁。

（2）门窗表面应无划痕、碰伤，型材应无开焊断裂。

（3）成品门、窗必须有合格证书或性能检验报告、开箱验收记录。

（4）门框密封面上有密封条时，在门扇关闭后，密封条应处于压缩状态。

（5）悬吊推拉门上部机动件箱体和滑槽内应清洁，门扇关闭时与墙体应无明显缝隙。

（6）窗玻璃应用密封胶固定、封严。如采用密封条密封，玻璃与密封条的接触应平整，密封条不得卷边、脱槽、缺口、断裂。

（7）固定双层玻璃窗的玻璃应平整、牢固、不得松动，缝隙应密封。安装玻璃前应彻底擦净内表面和夹层空间。

（8）窗帘或百叶不得安装在室内。

5.8.3 工艺流程

清理门洞→安装顶轴→安装地轴→安装门体→调试门扇→成品保护→验收

5.8.4 精品要点

（1）为防止长期使用后由于自重而下倾贴地，从实践经验出发，当单扇门宽度大于600mm时，门扇和门框的铰链不应少于3副。门窗框与墙体固定片间距不应大于600mm，框与墙体连接应牢固，缝隙内应用弹性材料嵌填饱满，表面应用密封胶均匀密封。

（2）安全疏散门如设有关闭件，应安在方便打开的明显位置。安全门如为需要临时破开的结构，破门工具必须设于明显位置，并应牢靠放置、取用方便。安全门就是为了有事时能快速开门疏散，所以门上的关闭侧必须在明显位置且方便打开。

（3）实践中由于铝合金把手带有尖角，常挂破衣服甚至带倒人，因此要求门上的把手如突出门面，不得有锐边、尖角，应圆滑过渡。

（4）窗面应与其安装部位的表面齐平，这样可减少积尘的地方；当不能齐平时，窗台应采用斜坡、弧坡，边、角应为圆弧过渡。

（5）为了正确地起到节能作用，膜面规定为：双层玻璃窗的单面镀膜玻璃应设于双层窗最外层，双层或单层玻璃窗的镀膜玻璃，其膜面均应朝向室内。

5.8.5 实例或示意图

实例图见图 5.8-1、图 5.8-2。

图 5.8-1 门窗实例图 1

图 5.8-2 门窗实例图 2

第6章

医院功能用房——净化空调机房

6.1 一般规定

（1）净化空调机房建筑装饰装修设计应符合环保、节能、减排等有关规定，耐久性应满足使用要求。

（2）装饰装修工程所用材料的品种、规格和质量应符合设计要求和国家现行标准的规定。不得使用国家明令淘汰的材料。

（3）装饰装修工程所用材料应符合国家有关建筑装饰装修材料有害物质限量标准的规定。

（4）建筑装饰装修工程采用的材料、构配件应按进场批次进行检验。属于同一工程项目且同期施工的多个单位工程，对同一厂家生产的同批材料、构配件、器具及半成品，可统一划分检验批对品种、规格、外观和尺寸等进行验收，包装应完好，并应有产品合格证书、中文说明书及性能检验报告，进口产品应按规定进行商品检验。

（5）进场后需要进行复验的材料种类及项目应符合本书各章的规定，同一厂家生产的同一品种、同一类型的进场材料应至少抽取一组样品进行复验，当合同另有更高要求时应按合同执行。抽样样本应随机抽取，满足分布均匀、具有代表性的要求，获得认证的产品或来源稳定且连续三批均一次检验合格的产品，进场验收时检验批的容量可扩大一倍，且仅可扩大一次。扩大检验批后的检验中，出现不合格情况时，应按扩大前的检验批容量重新验收，且该产品不得再次扩大检验批容量。

（6）建筑装饰装修工程应在基体或基层的质量验收合格后施工。

（7）建筑装饰装修工程的电气安装应符合设计要求，不得直接埋设电线。

（8）门窗五金件安装位置正确，对称、牢固，横平竖直，无变形。

（9）门合页安装采用三托二的方法，木门框、门扇合页位置应两面开槽，裁口尺寸吻合，螺钉与合页配套使用，螺母十字花横平竖直，安装后与合页面一平。

（10）管道、设备安装及调试应在建筑装饰装修工程施工前完成。

6.2 规范要求

6.2.1 《建筑装饰装修工程质量验收标准》GB 50210—2018

4.2.6 护角、孔洞、槽、盒周围的抹灰表面应整齐、光滑；管道后面的抹灰表面应平整。

4.2.9 有排水要求的部位应做滴水线（槽）。滴水线（槽）应整齐顺直，滴水线应内高外低，滴水槽的宽度和深度应满足设计要求，且均不应小于10mm。

6.1.3 门窗工程应对下列材料及其性能指标进行复验：

1 人造木板门的甲醛释放量。

6.1.4 门窗工程应对下列隐蔽工程项目进行验收：

1 预埋件和锚固件；

2 隐蔽部位的防腐和填嵌处理；

3 高层金属窗防雷连接节点。

6.1.8 金属门窗和塑料门窗安装应采用预留洞口的方法施工。

6.1.9 木门窗与砖石砌体、混凝土或抹灰层接触处应进行防腐处理，埋入砌体或混凝土中的木砖应进行防腐处理。

6.1.10 当金属窗或塑料窗为组合窗时，其拼樘料的尺寸、规格、壁厚应符合设计要求。

6.1.11 建筑外门窗安装必须牢固。在砌体上安装门窗严禁采用射钉固定。

6.1.15 建筑外窗口的防水和排水构造应符合设计要求和国家现行标准的有关规定。

6.2.1 木门窗的品种、类型、规格、尺寸、开启方向、安装位置、连接方式及性能应符合设计要求及国家现行标准的有关规定。

6.2.3 木门窗的防火、防腐、防虫处理应符合设计要求。

6.2.4 木门窗框的安装应牢固。预埋木砖的防腐处理、木门窗框固定点的数量、位置和固定方法应符合设计要求。

6.2.5 木门窗扇应安装牢固、开关灵活、关闭严密、无倒翘。

6.2.6 木门窗配件的型号、规格和数量应符合设计要求，安装应牢固，位置应正确，功能应满足使用要求。

6.2.7 木门窗表面应洁净，不得有刨痕和锤印。

6.2.8 木门窗的割角和拼缝应严密平整。门窗框、扇裁口应顺直，刨面应平整。

6.2.9 木门窗上的槽和孔应边缘整齐，无毛刺。

6.2.10 木门窗与墙体间的缝隙应填嵌饱满。

6.2.11 木门窗批水、盖口条、压缝条和密封条安装应顺直，与门窗结合应牢固、严密。

6.3.2 金属门窗框和附框的安装应牢固。预埋件及锚固件的数量、位置、埋设方式、与框的连接方式应符合设计要求。

6.3.3　金属门窗扇应安装牢固、开关灵活、关闭严密、无倒翘。推拉门窗扇应安装防止扇脱落的装置。

6.3.5　金属门窗表面应洁净、平整、光滑、色泽一致，应无锈蚀、擦伤、划痕和碰伤。漆膜或保护层应连续。

6.3.6　金属门窗推拉门窗扇开关力不应大于50N。

6.3.7　金属门窗框与墙体之间的缝隙应填嵌饱满，并应采用密封胶密封。

6.3.8　金属门窗扇的密封胶条或密封毛条装配应平整、完好，不得脱槽，交角处应平顺。

12.3.3　溶剂型涂料涂饰工程应涂饰均匀、粘结牢固，不得漏涂、透底、开裂、起皮和反锈。

6.2.2　《建筑地面工程施工质量验收规范》GB 50209—2010

5.8.2　自流平面层与墙、柱等连接处的构造做法应符合设计要求，铺设时应分层施工。

5.8.4　自流平面层的构造做法、厚度、颜色等应符合设计要求。

5.8.9　自流平面层的各构造层之间应粘结牢固，层与层之间不应出现分离、空鼓现象。

5.8.10　自流平面层的表面不应有开裂、漏涂和倒泛水、积水等现象。

5.8.12　自流平面层表面应光洁，色泽应均匀、一致，不应有起泡、泛砂等现象。

6.2.3　《洁净室施工及验收规范》GB 50591—2010

5.2.1　风管制作与安装所用板材、型材以及其他主要成品材料，应符合设计要求，并应有出厂检验合格证，非金属风管应提供防火及卫生检测合格证明。

5.2.4　风系统的末级过滤器（高效过滤器）之前的风管材料应选用镀锌钢板或不覆油镀锌钢板。末级过滤器之后的风管材料宜用防腐性能更好的金属板材或不锈钢板。有防腐要求的排风管道应采用不产尘的、不低于难燃B1级的非金属板材制作，若有面层，面层应为不燃材料。

5.2.5　镀锌钢板的镀锌层应在100号以上，双面三点试验平均值不应小于$100g/m^2$，其表面不得有裂纹、结疤、划伤，不得有明显氧化层、针孔、麻点、起皮和镀层脱落等缺陷。不锈钢板应为奥氏体不锈钢材料，其表面不得有明显划痕、斑痕和凹穴等缺陷。

5.2.6　风管板材存放处应清洁、干燥。不锈钢板应竖靠在木支架上。不锈钢板材、管材与镀锌钢板、管材不应与碳素钢材料接触，应分开放置。

5.2.7　风系统风管制作应有专用场地，其房间应清洁，宜封闭。工作人员应穿干净工作服和软性工作鞋。

5.2.10　风管不得有横向拼接缝，矩形风管底边宽度小于或等于900mm时，其底边不得有纵向拼接缝，大于900mm且小于或等于1800mm时，不得多于1条纵向接缝，大于1800mm且小于或等于2600mm时，不得多于2条纵向接缝。

5.2.16 风管内表面应平整光滑，不得在风管内设加固框及加固筋。

5.2.18 加工镀锌钢板风管不应损坏镀锌层，若有损坏，损坏处（如咬口、折边、焊接处等）应刷涂优质防锈涂料两遍。

5.2.19 法兰和管道配件螺栓孔不得用电焊或气焊冲孔，孔洞处应涂刷防腐漆两遍。

5.2.20 风管与角钢法兰连接时，风管翻边应平整，并紧贴法兰，宽度不应小于7mm，并剪去重叠部分，翻边处裂缝和孔洞应涂密封胶。

5.2.21 当用于5级和高于5级洁净度级别场合时，角钢法兰上的螺栓孔和管件上的铆钉孔孔距均不应大于65mm，5级以下时不应大于100mm。薄壁法兰弹簧夹间距不应大于100mm，顶丝卡间距不应大于100mm。矩形法兰四角应设螺栓孔，法兰拼角缝应避开螺栓孔。螺栓、螺母、垫片和铆钉应镀锌。如必须使用抽芯铆钉，不得使用端头未封闭的产品，并应在端头胶封。

5.2.24 风管和部件制作完毕应擦拭干净，并应将所有开口用塑料膜包口密封。

5.3.2 法兰密封垫应选用弹性好、不透气、不产尘、多孔且闭孔的材料制作。不得采用乳胶海绵、泡沫塑料、厚纸板等含开孔孔隙和易产尘、易老化的材料制作。密封垫厚度宜为5mm～8mm，一个系统中法兰密封垫的性能和尺寸应相同。不得在密封垫表面刷涂料。

5.3.4 法兰上各螺栓的拧紧力矩应大小一致，并应对称逐渐拧紧，安装后不应有拧紧不匀的现象。

5.3.5 柔性短管应选用柔性好、表面光滑、不产尘、不透气、不产生静电和有稳定强度的难燃材料制作，安装应松紧适度、无扭曲。安装在负压段的柔性短管应处于绷紧状态，不应出现扁瘪现象。柔性短管的长度宜为150mm～300mm，设于结构变形缝处的柔性短管，其长度宜为变形缝的宽度加100mm以上。不得以柔性短管作为找平找正的连接管或变径管。

5.3.7 风管和部件应在安装时拆卸封口，并应立即连接。当施工停止或完毕时，应将端口封好，若安装时封膜有破损，安装前应将风管内壁再擦拭干净。

5.3.12 风管系统不得作为其他负荷的吊挂架，支风管的重量不得由干管承受，送风末端应独立设置可调节支吊架。

5.4.3 风管内安装的定、变风量阀，阀的两端工作压力差应大于阀的启动压力。入口前后直管长度不应小于该定风量阀产品要求的安装长度，安装方向与指示相同。

5.4.9 消声直段应安装在气流平稳的直管段上。

5.4.12 不得在绝热层上开洞和上螺栓。风阀和清扫孔的绝热措施不应妨碍其开关。

6.2.4 《建筑电气工程施工质量验收规范》GB 50303—2015

5.1.1 柜、台、箱的金属框架及基础型钢应与保护导体可靠连接；对于装有电器的可开启门，门和金属框架的接地端子间应选用截面积不小于4mm²的黄绿色绝缘铜芯软导线连接，并应有标识。

6.1.1 电动机、电加热器及电动执行机构的外露可导电部分必须与保护导体可靠连接。

10.1.1 母线槽的金属外壳等外露可导电部分应与保护导体可靠连接,并应符合下列规定:

1 每段母线槽的金属外壳间应连接可靠,且母线槽全长与保护导体可靠连接不应少于2处;

2 分支母线槽的金属外壳末端应与保护导体可靠连接;

3 连接导体的材质、截面积应符合设计要求。

11.1.1 金属梯架、托盘或槽盒本体之间的连接应牢固可靠,与保护导体的连接应符合下列规定:

1 梯架、托盘和槽盒全长不大于30m时,不应少于2处与保护导体可靠连接;全长大于30m时,每隔20mm~30m应增加一个连接点,始端和终点端均应可靠接地。

2 非镀锌梯架、托盘和槽盒本体之间连接板的两端应跨接保护联结导体,保护联结导体的截面积应符合设计要求。

3 镀锌梯架、托盘和槽盒本体之间不跨接保护联结导体时,连接板每端不应少于2个有防松螺帽或防松垫圈的连接固定螺栓。

12.1.2 钢导管不得采用对口熔焊连接;镀锌钢导管或壁厚小于或等于2mm的钢导管,不得采用套管熔焊连接。

13.1.5 交流单芯电缆或分相后的每相电缆不得单根独穿于钢导管内,固定用的夹具和支架不应形成闭合磁路。

17.2.2 导线与设备或器具的连接应符合下列规定:

1 截面积在10mm^{2}及以下的单股铜芯线和单股铝/铝合金芯线可直接与设备或器具的端子连接。

2 截面积在2.5mm^{2}及以下的多芯铜芯线应接续端子或拧紧搪锡后再与设备或器具的端子连接。

3 截面积大于2.5mm^{2}的多芯铜芯线,除设备自带插接式端子外,应接续端子后与设备或器具的端子连接;多芯铜芯线与插接式端子连接前,端部应拧紧搪锡。

4 多芯铝芯线应接续端子后与设备、器具的端子连接,多芯铝芯线接续端子前应去除氧化层并涂抗氧化剂,连接完成后应清洁干净。

5 每个设备或器具的端子接线不多于2根导线或2个导线端子。

18.1.5 普通灯具的Ⅰ类灯具外露可导电部分必须采用铜芯软导线与保护导体可靠连接,连接处应设置接地标识,铜芯软导线的截面积应与进入灯具的电源线截面积相同。

19.1.1 专用灯具的Ⅰ类灯具外露可导电部分必须用铜芯软导线与保护导体可靠连接,连接处应设置接地标识,铜芯软导线的截面积应与进入灯具的电源线截面积相同。

20.1.3 插座接线应符合下列规定:

1 对于单相两孔插座,面对插座的右孔或上孔应与相线连接,左孔或下孔应与中性导体(N)连接;对于单相三孔插座,面对插座的右孔应与相线连接,左孔应与中性导体(N)连接。

2 单相三孔、三相四孔及三相五孔插座的保护接地导体(PE)应接在上孔;插座的保护接地导体端子不得与中性导体端子连接；同一场所的三相插座，其接线的相序应一致。

3 保护接地导体（PE）在插座之间不得串联连接。

4 相线与中性导体（N）不应利用插座本体的接线端子转接供电。

6.2.5 《智能建筑工程施工规范》GB 50606—2010

12.2.4 现场控制器箱的安装应符合下列规定：

1 现场控制器箱的安装位置宜靠近被控设备电控箱；

2 现场控制器箱应安装牢固，不应倾斜；安装在轻质墙上时，应采取加固措施；

3 现场控制器箱的高度不大于1m时，宜采用壁挂安装，箱体中心距地面的高度不应小于1.4m；

4 现场控制器箱的高度大于1m时，宜采用落地式安装，并应制作底座；

5 现场控制器箱侧面与墙或其他设备的净距离不应小于0.8m，正面操作距离不应小于1m；

6 现场控制器箱接线应按照接线图和设备说明书进行，配线应整齐，不宜交叉，并应固定牢靠，端部均应标明编号；

7 现场控制器箱体门板内侧应贴箱内设备的接线图；

8 现场控制器应在调试前安装，在调试前应妥善保管并采取防尘、防潮和防腐蚀措施。

12.2.5 室内、外温湿度传感器的安装应符合下列规定：

1 室内温湿度传感器的安装位置宜距门、窗和出风口大于2m；在同一区域内安装的室内温湿度传感器，距地高度应一致，高度差不应大于10mm；

2 室外温湿度传感器应有防风、防雨措施；

3 室内、外温湿度传感器不应安装在阳光直射的地方，应远离有较强振动、电磁干扰、潮湿的区域。

12.2.6 风管型温湿度传感器应安装在风速平稳的直管段的下半部。

12.2.7 水管温度传感器的安装应符合下列规定：

1 应与管道相互垂直安装，轴线应与管道轴线垂直相交；

2 温段小于管道口径的1/2时，应安装在管道的侧面或底部。

12.2.8 风管型压力传感器应安装在管道的上半部，并应在温、湿度传感器测温点的上游管段。

12.2.9 水管型压力与压差传感器应安装在温度传感器的管道位置的上游管段，取压段小于管道口径的2/3时，应安装在管道的侧面或底部。

12.2.10 风压压差开关安装应符合下列规定：

1 安装完毕后应做密闭处理；

2 安装高度不宜小于0.5m。

12.2.11 水流开关应垂直安装在水平管段上。水流开关上标识的箭头方向应与水流方向一致，水流叶片的长度应大于管径的1/2。

12.2.12 水流量传感器的安装应符合下列规定：

1 水管流量传感器的安装位置距阀门、管道缩径、弯管距离不应小于10倍的管道内径；

2 水管流量传感器应安装在测压点上游并距测压点3.5倍～5.5倍管内径的位置；

3 水管流量传感器应安装在温度传感器测温点的上游，距温度传感器6倍～8倍管径的位置；

4 流量传感器信号的传输线宜采用屏蔽和带有绝缘护套的线缆，线缆的屏蔽层宜在现场控制器侧一点接地。

12.2.13 室内空气质量传感器的安装应符合下列规定：

1 探测气体比重轻的空气质量传感器应安装在房间的上部，安装高度不宜小于1.8m；

2 探测气体比重重的空气质量传感器应安装在房间的下部，安装高度不宜大于1.2m。

12.2.14 风管式空气质量传感器的安装应符合下列规定：

1 风管式空气质量传感器应安装在风管管道的水平直管段；

2 探测气体比重轻的空气质量传感器应安装在风管的上部；

3 探测气体比重重的空气质量传感器应安装在风管的下部。

12.2.15 风阀执行器的安装应符合下列规定：

1 风阀执行器与风阀轴的连接应固定牢固；

2 风阀的机械机构开闭应灵活，且不应有松动或卡涩现象；

3 风阀执行器不能直接与风门挡板轴相连接时，可通过附件与挡板轴相连，但其附件装置应保证风阀执行器旋转角度的调整范围；

4 风阀执行器的输出力矩应与风阀所需的力矩相匹配，并应符合设计要求；

5 风阀执行器的开闭指示位应与风阀实际状况一致，风阀执行器宜面向便于观察的位置。

12.2.16 电动水阀、电磁阀的安装应符合下列规定：

1 阀体上箭头的指向应与水流方向一致，并应垂直安装于水平管道上；

2 阀门执行机构应安装牢固、传动应灵活，且不应有松动或卡涩现象；阀门应处于便于操作的位置；

3 有阀位指示装置的阀门，其阀位指示装置应面向便于观察的位置。

6.3 管理规定

（1）创建精品工程应以经济、适用、美观、节能环保及绿色施工为原则，做到策划先行，样板引路，过程控制，一次成优。

（2）质量策划、创优策划工作应全面、细致，从工程质量及使用功能等方面综合考虑，明确细部做法，统一质量标准，加强过程质量管控措施，达到一次成优。

（3）采用BIM模型、文字及现场样板交底相结合的方式进行全员交底，明确施工工序、质量要求及标准做法，以确保策划的有效落地。

（4）各专业所采用的材料、设备应有产品合格证书和性能检测报告，其品种、规格、性能等应符合国家现行产品标准和设计要求。

（5）全面考虑各单位施工内容及相互影响因素，合理安排工序穿插。

（6）加强过程质量的监督检查，确保各环节施工质量。同时，做好专业间工作面移交检查验收工作，重点关注隐蔽内容及成品保护措施。

（7）技术复核工作至关重要，是保证每个关键节点符合要求的关键过程。各施工阶段应及时对各工序涉及的重点点位进行复核、实测及纠偏，确保符合图纸及深化要求。

（8）各工种穿插施工时，应采取有效护、包、盖、封等成品保护措施。

6.4 深化设计

6.4.1 深化设计原则

1. 整体设计要求

深化设计需要各专业协同工作、系统深化，做到深化排布合理、系统功能完善、观感效果美观，深化设计图需经总包、监理、业主及设计单位会签后实施。

2. 装饰工程深化设计

装饰工程深化设计应对门窗安装与设备安装相协调，做到布局合理、门窗开启便利、使用功能满足要求。地坪分界位置交接自然平顺，优化不同地坪过渡措施，提升观感质量。

3. 空调设备深化设计

通过使用BIM建模，进行机房内模拟预安装，提前解决管线交叉碰撞矛盾，有效利用设备房内的空间，采用减少管道弯头、优化顺水管件及择优选用低阻力阀件等降阻措施，以实现最优安装成型效果，使设备整齐排布，管线分布均匀，满足实用性、美观性等多方面需求。

4. 各专业综合排布设计

机电部分图纸深化设计主要将电气点位图、暖通设计图优化在一个图纸内，通过合并的图纸或者BIM建模发现各专业的冲突问题。

在图纸深化设计时，明确开关、插座、灯具、控制箱柜的位置，并通过优化图让设计单位、建设单位确认后施工，使布局合理，提升使用功能。

6.4.2 深化顺序

（1）墙面材料设计要求

净化空调机房墙面应使用不易开裂、阻燃和耐碰撞的材料，墙面必须平整、防潮防霉。避免出现墙面阴阳角不方正、顺直，电器面板与墙面不顺色，交接不严密、横线条高于竖线条，油漆、涂料色泽不均匀、表面不光滑、刷纹明显、流坠污染，阴角凹槽不干净等缺陷。

（2）地面设计要求

净化空调机房地面应平整，采用耐磨、防滑、耐腐蚀、易清洗、不易起尘与不开裂的材料制作。

（3）门窗设计要求

净化空调机房门窗采用成品门窗，墙体施工时与成品门厂家配合预留及墙体加固。金属门窗扇的密封胶条或密封毛条装配应平整、完好，不得脱槽，交角处应平顺。百叶窗位置合理，窗叶角度一致，整齐美观。

（4）净化空调设计要求

净化空调设备外观尺寸应符合机房布置要求，空调设备布置位置、朝向与对应功能房间相适应。空调设备有效利用设备房内的空间，采用减少管道弯头、优化顺水管件及择优选用低阻力阀件等降阻措施，以实现最优安装成型效果，使设备整齐排布、管线分布均匀，满足实用性、美观性等多方面需求。

（5）电气设备设计要求

优化配管/桥架规格型号及敷设走向；控制箱（柜）内部元器件应满足工艺控制要求，断路器、接触器、热继电器等与被控设备应相适应。线管敷设应减小对装饰的影响，开关插座、灯具数量及安装位置应合理并满足使用功能要求。配电箱、控制箱安装位置便于操作，电箱安装位置与装饰面相匹配。

6.4.3　深化排布基本要求

（1）大管优先，小管避让大管。

（2）有压管避让无压管（压力流管避让重力流管）。

（3）低压管避让高压管。

（4）常温管避让高温、低温管。

（5）可弯管线避让不可弯管线、分支管线避让主干管线。

（6）附件少的管线避让附件多的管线。

（7）电气管线避热避水，在热水管线、蒸汽管线上方及水管的垂直下方不宜布置电气线路。

（8）其他避让原则：气体管道避让水管，金属管避让非金属管，一般管道避让通风管，施工简单的避让施工难度大的，工程量小的避让工程量大的，技术要求低的避让技术要求高的，检修次数少、检修方便的避让检修频繁、检修难度大的，非主要管线避让主要管线，临时管线避让永久管线。

6.5　净化空调水系统

6.5.1　适用范围

适用于医院净化空调水系统（冷冻水、冷却水、冷凝水）。

6.5.2 质量要求

（1）成排管道间距合理，安装顺直，排列整齐、美观。

（2）管道走向正确，安装位置合理，留有足够空间满足阀门操作及后期维护。

（3）支架安装平整牢固，与管道接触紧密。管道与设备连接处应设置独立支吊架。

（4）不锈钢管道与支架间应有防接触保护措施。

（5）管道表面防腐工序正确，除锈无遗漏、油漆涂刷均匀。

（6）保温接缝顺直、美观，严密贴合管道。

（7）明敷冷凝水管道坡向适宜，固定牢固，排水顺畅。

（8）套管封堵严密，填塞密实。

（9）管道外表面应光滑且易于清洗，并不得对洁净手术室造成污染。

6.5.3 工艺流程

管道预制→支吊架制作、安装→设备安装→管道安装→阀门及附件安装→水压试验→保温→系统冲洗→系统调试

6.5.4 精品要点

（1）支吊架下料时使用切割机切割，开孔使用机械开孔，角钢支架端部加工成圆弧形。

（2）管道焊接的焊缝高度不低于母材表面，焊缝与母材圆滑过渡。

（3）管道压环扁铁、垫木与支架同宽。扁铁安装平顺。

（4）保温纵横向接缝错开，缝间无孔隙，与管道表面贴合紧密无气泡。阀门位置朝向合理，手柄外露便于操作。

（5）螺纹连接处麻丝清理干净，螺纹根部有 2～3 扣螺纹外露并均匀涂刷防锈漆。

（6）U 形卡环与不锈钢管连接固定时，卡环应套塑料保护软管，管道与支架间接触面应垫同宽隔离橡胶垫。

（7）管道与套管同心，间隙均匀，封堵平整连续。

6.5.5 实例或示意图

实例或示意图见图 6.5-1～图 6.5-3。

图 6.5-1　管道

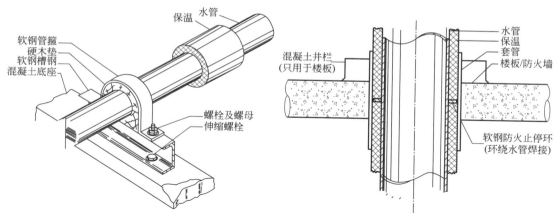

图 6.5-2 座地安装水管支承详图（无比例）　　　图 6.5-3 穿过防火墙/楼板之水管详图（无比例）

6.6 强电系统

6.6.1 适用范围

适用于净化空调机房电气系统施工。

6.6.2 质量要求

（1）明配的电气导管应排列整齐、固定点间距均匀、安装牢固；在距终端、弯头中点或柜、台、箱、盘等边缘 150～500mm 范围内应设有固定管卡，中间直线段固定管卡间的最大距离应符合规范《建筑电气工程施工质量验收规范》GB 50303—2015 的相关要求。

（2）导管采用金属吊架固定时，圆钢直径不得小于 8mm，并应设置防晃支架，在距离盒（箱）、分支处或端部 0.3～0.5m 处应设置固定支架。

（3）刚性导管经柔性导管与电气设备、器具连接时，柔性导管的长度在动力工程中不宜大于 0.8m，在照明工程中不宜大于 1.2m。可弯曲金属导管或柔性导管与刚性导管或电气设备、器具间的连接应采用专用接头。

（4）桥架水平安装的支架间距宜为 1.5～3.0m，垂直安装的支架间距不应大于 2m。采用金属吊架固定时，圆钢直径不得小于 8mm，并应有防晃支架，在分支处或端部 0.3～0.5m 处应有固定支架。

（5）穿越不同防火区的梯架、托盘和槽盒，应有防火隔堵措施。

（6）电缆的敷设排列应顺直、整齐，并宜少交叉。电缆出入配电（控制）柜、台、箱处以及管子管口处等部位应采取防火或密封措施。电缆的首端、末端和分支处应设标识牌。

（7）电缆头应可靠固定，不应使电器元器件或设备端子承受额外应力。

（8）开关边缘距门框边缘的距离宜为 0.15～0.20m；相线应经开关控制；紫外线杀菌灯的开关应有明显标识，并应与普通照明开关的位置分开。

（9）暗装的插座盒或开关盒应与饰面平齐，盒内干净整洁、无锈蚀；面板应紧贴饰面、四周无缝隙、安装牢固，表面光滑、无碎裂、划伤，装饰帽（板）齐全。

（10）柜、台、箱、盘应安装牢固，且不应设置在水管的正下方。柜、台、箱相互间或与基础型钢间应用镀锌螺栓连接，且防松零件应齐全。

（11）柜、台、箱、盘上的标识器件应标明被控设备编号及名称或操作位置，接线端子应有编号，且清晰、工整、不易脱色。箱（盘）内配线应整齐、无铰接现象；导线连接应紧密、不伤线芯、不断股，同一电器器件端子上的导线连接不应多于 2 根；垫圈下螺钉两侧压的导线截面积应相同，防松垫圈等零件应齐全。

6.6.3 工艺流程

支架预制→配管安装→桥架安装→线缆敷设→开关插座安装→灯具安装→配电箱安装→通电调试

6.6.4 精品要点

（1）明配的成排电气导管宜采用共用支架，应排列整齐、横平竖直、间距均匀、弯弧一致、卡具一致、接地型式一致。

（2）桥架安装横平竖直、表面平整、固定可靠、盖板严实。桥架与水管同侧上下敷设时，宜安装在水管的上方；与热水管、蒸汽管平行上下敷设时，应敷设在热水管、蒸汽管的下方。

（3）桥架穿越不同防火区隔墙处，桥架内部、桥架与墙之间用防火包填塞密实，防火包之间及电缆之间缝隙用防火泥塞缝；穿墙部位两侧采用防火板封堵，防火板切斜角拼缝，螺栓间距 200mm，防火板与桥架根部采用防火泥密封，宽度为 20mm，外表面与防火板平齐。

（4）开关、插座接线盒内干净无杂物，管口护套齐全。同一室内面板盒下口平齐，并排盒间距合理适中，距门边距离 0.15～0.20m。同规格接线盒采用统一规格的螺钉固定开关插座面板。

（5）机房内管线、仪表、设备等布局整齐有序、固定规范，管线末端与器具连接紧密。灯具定位宜综合居中，横成排、竖成行、斜成线。不靠墙、板、梁安装的灯具，建议沿线槽敷设。

（6）落地式配电柜基础横平竖直，柜体固定牢固，所有金属体接地良好，照明灯与柜面平行。

（7）配电箱箱体与箱门及金属电线管配可靠接地，箱内配线排布整齐、绑扎成束、弯弧一致，相序分色正确

（8）电缆标识牌根据电缆数量绑扎成"一""/""人"字形。

6.6.5 实例或示意图

示意图见图 6.6-1。

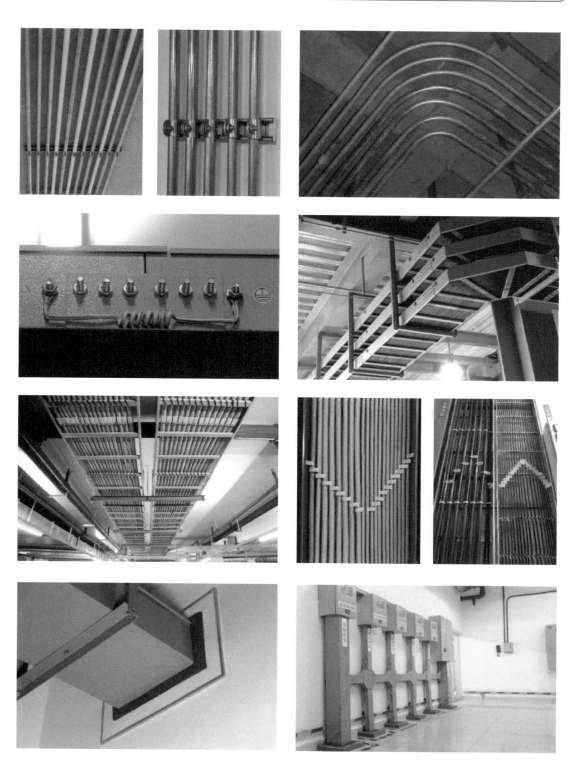

图 6.6-1 电气系统示意图（一）

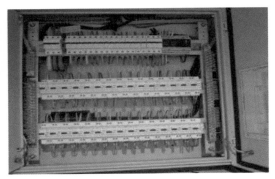

图 6.6-1　电气系统示意图（二）

6.7　弱电系统

6.7.1　适用范围

适用于净化空调机房弱电系统施工。

6.7.2　质量要求

（1）现场控制器箱的安装位置宜靠近被控设备电控箱；现场控制器箱应安装牢固，不应倾斜；安装在轻质墙上时，应采取加固措施。

（2）现场控制器箱侧面与墙或其他设备的净距离不应小于 0.8m，正面操作距离不应小于 1m。

（3）室内温湿度传感器的安装位置宜距门、窗和出风口大于 2m；在同一区域内安装的室内温湿度传感器，距地高度应一致，高度差不应大于 10mm。

（4）水管温度传感器安装时，应与管道相互垂直安装，轴线应与管道轴线垂直相交；温段小于管道口径的 1/2 时，应安装在管道的侧面或底部。

（5）水管型压力与压差传感器应安装在温度传感器的管道位置的上游管段，取压段小于管道口径的 2/3 时，应安装在管道的侧面或底部。

（6）风压压差开关安装高度不宜小于 0.5m。

（7）水流开关应垂直安装在水平管段上。水流开关上标识的箭头方向应与水流方向一致，水流叶片的长度应大于管径的1/2。

（8）水管流量传感器的安装位置距阀门、管道缩径、弯管距离不应小于10倍的管道内径；水管流量传感器应安装在测压点上游并距测压点3.5～5.5倍管内径的位置；水管流量传感器应安装在温度传感器测温点的上游，距温度传感器6～8倍管径的位置。

（9）探测气体比重轻的空气质量传感器应安装在房间的上部，安装高度不宜小于1.8m；探测气体比重重的空气质量传感器应安装在房间的下部，安装高度不宜大于1.2m。

6.7.3　工艺流程

支架预制→配管安装→桥架安装→线缆敷设→末端设备安装→控制器箱安装→调试

6.7.4　精品要点

（1）传感器、执行器宜安装在光线充足、方便操作的位置；应避免安装在有振动、潮湿、易受机械损伤、有强电磁场干扰、高温的位置。

（2）传感器、执行器接线盒的引入口不宜朝上，当不可避免时，应采取密封措施，传感器、执行器安装接线时，配线应整齐，不宜交叉，并应固定牢靠，端部均应标明编号。

（3）水管型温度传感器、水管压力传感器、水流开关、水管流量计应安装在水流平稳的直管段，应避开水流流束死角，且不宜安装在管道焊缝处。

（4）风管型温、湿度传感器、压力传感器、空气质量传感器应安装在风管的直管段且气流流束稳定的位置，且应避开风管内通风死角。

6.8　给水排水系统施工（蒸汽管道系统）

6.8.1　适用范围

适用于医院洁净空调机房内空调设备蒸汽加湿管道系统安装，按设计要求可采用不锈钢管或无缝钢管。

6.8.2　质量要求

（1）管道、管件及阀门在安装前应进行清洗。清洗干净后吹干管道并封口，在管道上注明洁净标记。

（2）管道切割、加工应选干净的场所，同时确保管道切割前表面无有害痕迹、破损。

（3）切割时使用不锈钢专用切割器或专用手动割刀缓慢进行切割。

（4）不锈钢管不得直接与碳钢支架接触，应在支架与管道之间垫塑料片或其他绝缘物，防止因渗碳和电位差而引起腐蚀。

（5）管道安装的坡度、支架、套管设置等，均按设计和规范有关规定执行。

（6）管道焊接过程（包括层间和盖面层）应进行充氩保护。

（7）焊接接头经检验合格后，按设计文件和相关工艺措施对其表面进行酸洗、钝化处理。

6.8.3 工艺流程

管道、阀门清洗→管道清洗、吹扫→管道安装→管道附件安装→水压试验→系统冲洗→系统调试

6.8.4 精品要点

（1）焊缝外观成型良好，外形圆滑过渡，焊缝宽度以盖过坡口两侧边缘 0.5～1mm 为宜，焊丝焊接的焊缝表面不得低于母材表面。角焊缝焊脚高度符合设计规定。

（2）坡口加工尺寸采用坡口机等机械方法加工。加工后的坡口经检查合格后，应将钢管两端口密封，以防止异物进入钢管内。

（3）焊缝表面不得有裂纹、气孔、夹渣、咬边、熔合性飞溅及表面凹陷等缺陷。

（4）接头组对前后按要求对坡口两侧进行清洗，组对完成后及时进行焊接。焊接完成后应及时进行酸洗钝化。

（5）半成品和成品的保护措施应及时有效。坡口加工完成或焊接完成后应及时将管子两端密封。

6.8.5 实例或示意图

示意图见图 6.8-1。

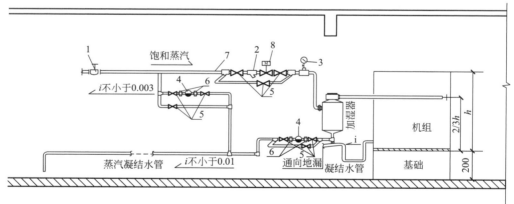

设备材料表：

序号	名称	规格	备注
1	法兰柱塞阀	承压1.6MPa，耐温200℃	
2	法兰黄铜蒸汽过滤器	承压1.6MPa，60目不锈钢丝滤网，壳体为铸钢	
3	压力表	1.0MPa	带球阀
4	疏水器	承压1.6MPa	铸钢材质
5	截止阀(压铸)	承压1.6MPa带软密封，耐温200℃	末端支管使用
6	活接头	承压1.6MPa	
7	蒸汽管道	不锈钢管	
8	电动两通调节阀	带停电复位关闭	

图 6.8-1 示意图

6.9　净化空调机组

6.9.1　适用范围

适用于医院洁净空调机房内空调设备安装。

6.9.2　质量要求

（1）符合系统运行流程，避免管线交叉。

（2）成排设备基础外观尺寸统一、高度一致。基础表面无蜂窝、裂纹、麻面、露筋，基础表面应水平。

（3）设备布置按技术文件要求，留有安装、检修、操作空间和机房通道。

（4）设备安装牢固、减振措施有效。设备安装的基础标高、位置及主要尺寸、预留洞的位置和深度应符合设计要求。

（5）各功能段的设置符合设计要求，外表及内部清洁干净，内部结构无损坏。手盘叶轮叶片应转动灵活，叶轮与机壳无摩擦。检查门关闭严密。

（6）空调设备接管方向正确，水管道与机组连接宜采用橡胶柔性接头，连接可靠、严密。

（7）空调设备接管最低点设泄水阀，最高点设放气阀；阀门、仪表安装齐全，规格、位置应正确，风阀开启方向顺气流方向。

（8）空调设备与风管采用柔性短管连接时，柔性短管的绝热性能符合风管系统的要求。短管长度为 $150\sim250mm$。成型短管平整无扭曲。

（9）凝结水的水封应按产品技术文件的要求进行设置。

（10）冷凝水管的坡度应满足设计要求，当设计无要求时，干管坡度不宜小于 0.8%，支管坡度不宜小于 1%。

（11）冷凝水管道与机组连接应按设计要求安装存水弯；采用的软管应牢固可靠、顺直、无扭曲，软管连接长度不宜大于 $150mm$；冷凝水管道严禁直接接入生活污水管道，且不应接入雨水管道。

6.9.3　工艺流程

设备基础验收→空调设备开箱检查→现场运输→分段式组对就位（整体式安装就位）→找平找正→试运转→质量检验

6.9.4　精品要点

（1）传动设备减振器（垫）受力均匀，限位装置设置有效，无偏斜或变形超标现象，震动及噪声在允许范围内。

（2）同规格设备成排成线，固定牢固、隔振有效、运行平稳，减振元件的压缩变形量保持一致。

（3）传动设备采用软接头连接管道，支架安装形式、位置正确。

（4）阀门、仪表、管件标高一致、朝向正确，方便操作。

（5）设备、管线系统、介质、流向等标识清晰。

（6）空调机组基础高度不小于150mm，满足凝结水排放坡度要求。

（7）设备、管线系统、介质、流向等标识清晰。

6.9.5 实例或示意图

示意图见图6.9-1。

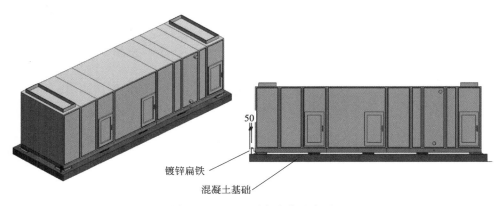

镀锌扁铁

混凝土基础

图6.9-1 空调设备安装示意图

6.10 接地安装（净化空调机组接地）

6.10.1 适用范围

适用于净化空调机房接地施工。

6.10.2 质量要求

（1）电气设备的外露可导电部分应单独与保护导体相连接，不得串联连接，连接导体的材质、截面积应符合设计要求。

（2）电动机、电加热器及电动执行机构的外露可导电部分必须与保护导体可靠连接。

（3）流量传感器信号的传输线宜采用屏蔽和带有绝缘护套的线缆，线缆的屏蔽层宜在现场控制器侧一点接地。

（4）仪表电缆电线的屏蔽层，应在控制室仪表盘柜侧接地，同一回路的屏蔽层应具有可靠的电气连续性，不应浮空或重复接地。

（5）用电仪表的外壳、仪表箱和电缆槽、支架、底座等正常不带电的金属部分，均应做保护接地。

（6）仪表及控制系统的信号回路接地、屏蔽接地应共用接地。

6.10.3 工艺流程

接地干线敷设→接地支线联结

6.10.4 精品要点

（1）接地干线高度设置合理，符合设计要求，且不影响墙面插座的使用。

（2）接地线采用不小于 4mm^2 铜芯线（创优项目建议采用 6mm^2 铜芯线），接地线应朝向一致，与金属管道螺栓连接可靠。

6.10.5 实例或示意图

示意图见图 6.10-1。

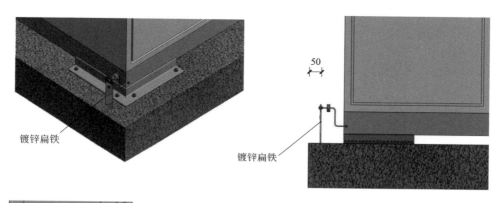

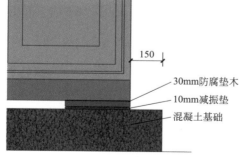

图 6.10-1 示意图

6.11 净化施工

6.11.1 适用范围

适用于医院洁净空调机房内空调风管制作、风管安装、防腐与绝热施工。

6.11.2 质量要求

（1）风管板材存放处应清洁、干燥。不锈钢板应竖靠在木支架上。不锈钢板材、管材与镀锌钢板、管材不应与碳素钢材料接触，应分开放置。

（2）风管不得有横向拼接缝，矩形风管底边宽度小于或等于 900mm 时，其底边不得有纵向拼接缝；大于 900mm 且小于或等于 1800mm 时，不得多于 1 条纵向接缝；大于

1800mm 且小于或等于 2600mm 时，不得多于 2 条纵向接缝。

（3）风管咬口缝必须涂密封胶或贴密封胶带，在正压面实施。

（4）风管与角钢法兰连接时，风管翻边应平整，并紧贴法兰，宽度不应小于 7mm，并剪去重叠部分，翻边处裂缝和孔洞应涂密封胶。

（5）矩形法兰四角应设螺栓孔，洁净等级为 1～5 级的净化空调系统螺栓间距不应大于 65mm；洁净等级为 6～9 级的净化空调系统螺栓间距不应大于 100mm；法兰拼角缝应避开螺栓孔。螺栓、螺母、垫片和铆钉应镀锌。

（6）风管和部件制作完毕应擦拭干净，并应将所有开口用塑料膜包口密封。

（7）连接法兰的螺栓应均匀拧紧，其螺母应在同一侧。

（8）法兰连接时，首先按要求垫好垫料，然后把两个法兰先对正，穿上四个对角的螺栓并戴好螺母，不要拧紧。再用尖冲塞进未上螺栓的螺孔中，把两个螺孔对正，直到所有螺栓都穿上后，拧紧螺栓。紧螺栓时应按十字交叉逐步均匀的拧紧。风管连接好后，拉线检查风管连接是否平直。

（9）法兰垫片材质应符合系统功能及设计要求，洁净空调系统法兰垫料厚度宜为 5～8mm，垫片不应凸入管内，也不应突出法兰外。

（10）法兰密封垫宜减少接头，接头应采用阶梯形或企口形并避开螺栓孔，也可采用连续灌胶成型或冲压一体成型的密封垫（图 6.11-1）。

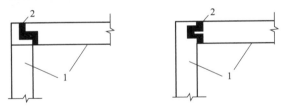

说明："1"法兰垫料；"2"密封胶

图 6.11-1　密封

（11）绝热用胶水应符合产品质量要求，不得存在影响安装质量的缺陷；胶粘剂应为环保产品，施工方法已明确。

（12）风管绝热材料应按长边加 2 个绝热层厚度，短边为净尺寸的方法下料。

（13）绝热层材料厚度大于 80mm 时，应采用分层施工，同层的拼缝应错开，层间的拼缝应相压，搭接间距不小于 130mm。

（14）阀门、三通、弯头等部位的绝热层宜采用绝热板材切割预组合后，再进行施工。部件的绝热不应影响其操作功能。调节阀绝热要留出调节转轴或调节手柄的位置，并标明启闭位置，保证操作灵活方便。

6.11.3　工艺流程

1. 一般工艺流程

现场实测→风管放样→下料→咬口→拼装→折方

法兰下料→校直→组队→焊接→钻孔→除锈防腐

→ 铆法兰(加强筋及防腐)→翻边

→风管成型

2. 风管安装

风管检查验收 →
确定标高→制作支架→支吊架定位→支吊架安装 →
分管排列→风管组对 →
吊装就位→调平找正→
严密性试验→中间验收

3. 防腐与绝热

隐蔽检测→领料→表面擦拭、清理→表面及板材刷胶→保温下料→保温粘贴→检查验收

6.11.4　精品要点

（1）法兰制作平整、对角线长度相等、焊缝饱满。

（2）法兰螺栓孔及铆钉间距均匀且符合规范要求，法兰四角处设螺孔。法兰连接时螺栓方向应统一、长度一致，螺栓材质与风管相对应。法兰紧固后应严密无泄漏，法兰面间隙均匀，垫片不得凸入管内或突出法兰外。

（3）法兰连接后螺栓无锈蚀现象，螺母在同一侧，螺杆长度一致，指向顺气流方向。

（4）洁净空调系统的风管不应采用内加固措施或加固筋，风管内部的加固点或法兰铆接点周围应采用密封胶进行密封。加固点排列整齐，间隔均匀对称。

（5）风管及部件的各个缝隙处应利用密封胶密封；风管内表面应彻底清洗，直至用白绸布检查无油污和浮尘后，再用薄膜将开口处封闭。

（6）风管系统上经常拆卸的法兰、阀门、过滤器及检测点等应采用能单独拆卸的绝热结构，其绝热层的厚度不应小于风管绝热层的厚度，与固定绝热层结构之间的连接应严密。

（7）对于两节风管的法兰连接处，采用增加腰带的方式保温，腰带宽度以 100mm 为宜，粘贴牢固后按压平整。

6.11.5　实例或示意图

实例或示意图见图 6.11-2～图 6.11-9。

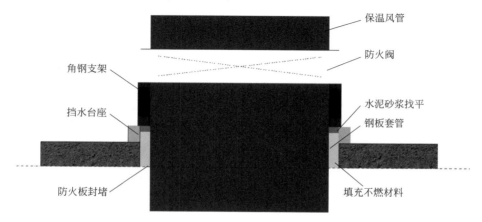

图 6.11-2　保温风管穿越楼板节点图

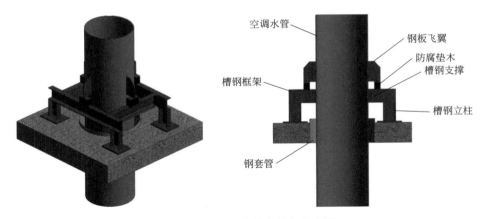

图 6.11-3　空调水管穿楼板节点图

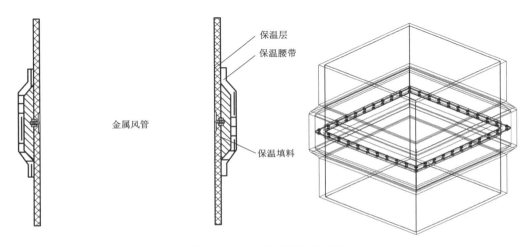

图 6.11-4　空调金属风管保温

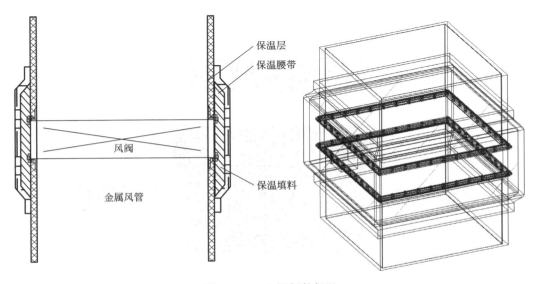

图 6.11-5　空调阀件保温

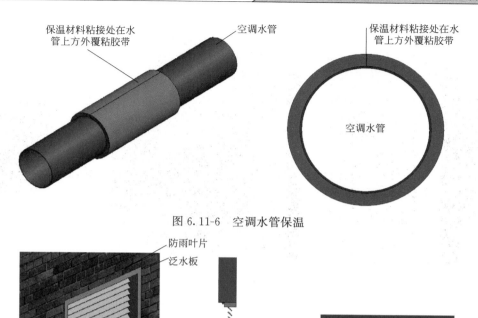

图 6.11-6　空调水管保温

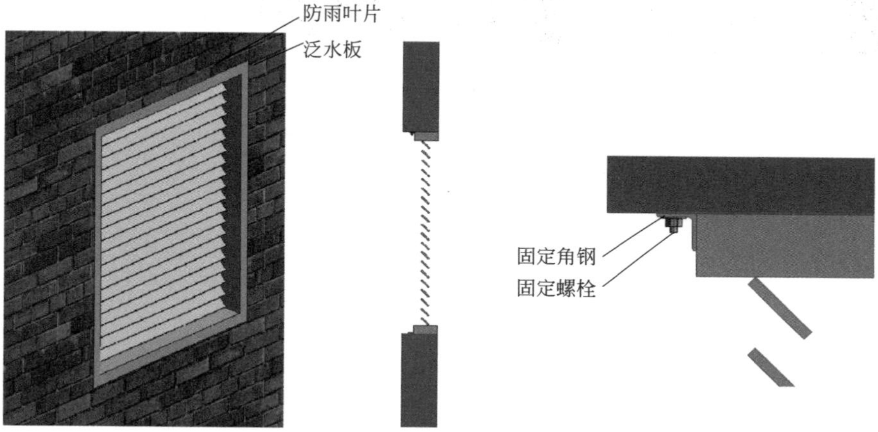

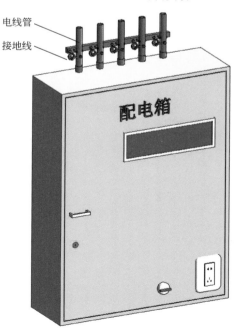

图 6.11-7　墙面百叶窗安装

图 6.11-8　机房内电气配管及接地

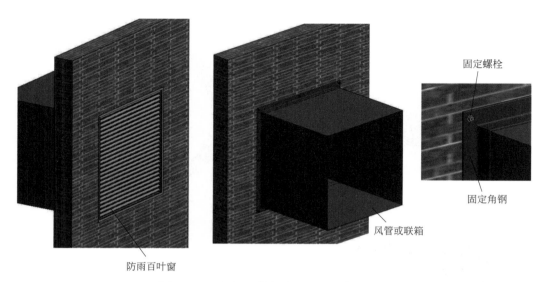

防雨百叶窗

风管或联箱

固定螺栓

固定角钢

图 6.11-9　空调风管与墙面百叶窗接口安装